루이스 칸의 후르바 시나고그

발다사레 페루치의 팔라초 마시모 알레 콜로네

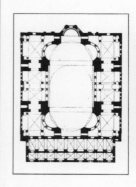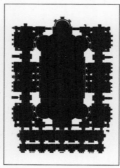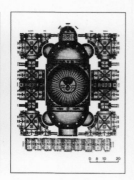

아야소피아의 세 가지 형태

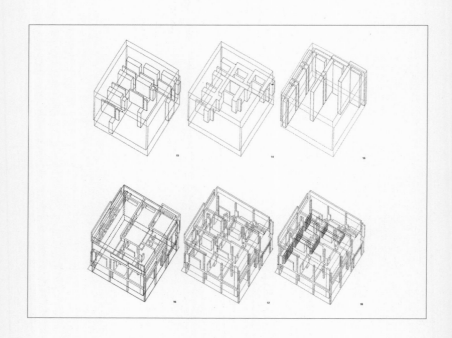

피터 아이젠먼의 주택 4호 다이어그램

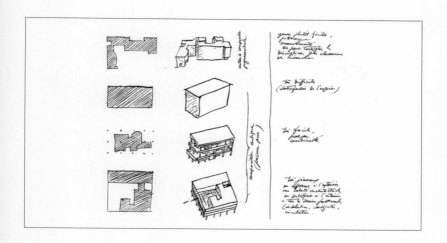

르 코르뷔지에 건축의 네 가지 구성

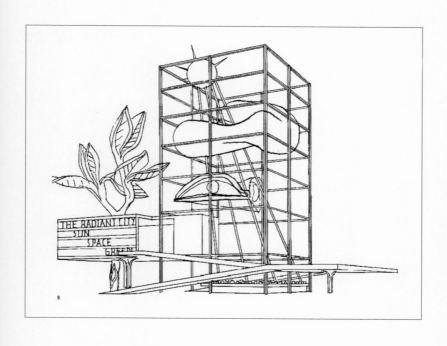

르 코르뷔지에의 아이디얼 홈 전시회를 위한 파빌리온

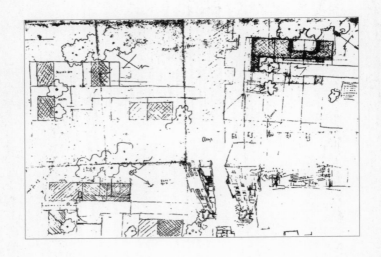

르 코르뷔지에의 라 로슈잔네레 주택 계획 15108

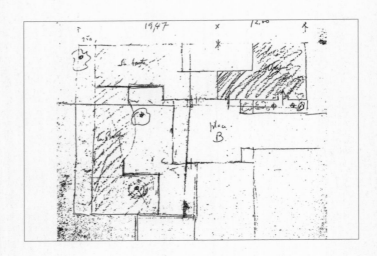

르 코르뷔지에의 라 로슈잔네레 주택 계획 15112

롱샹 성당 측면 기도실

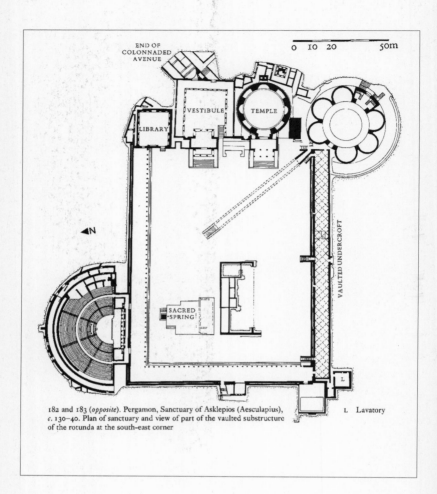

0 10 20   50m

VESTIBULE

TEMPLE

LIBRARY

◄N

VAULTED UNDERCROFT

SACRED
SPRING

L

182 and 183 (*opposite*). Pergamon, Sanctuary of Asklepios (Aesculapius),
c. 130–40. Plan of sanctuary and view of part of the vaulted substructure
of the rotunda at the south-east corner

L Lavatory

아스클레피오스 성소

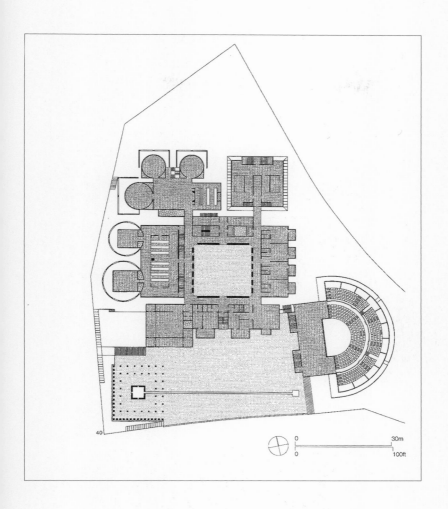

40

0   30m

0   100ft

루이스 칸의 소크생물학연구소 집회동

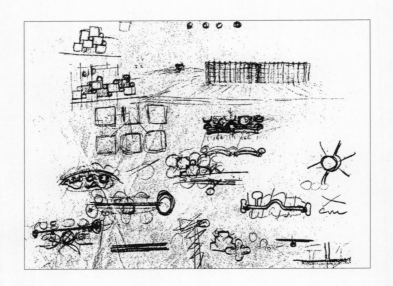

루이스 칸, BCD1

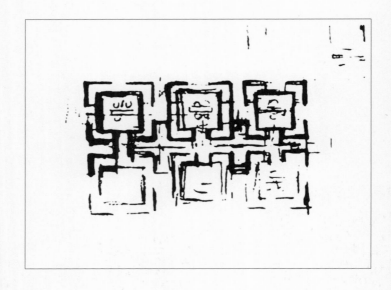

루이스 칸, BCD2

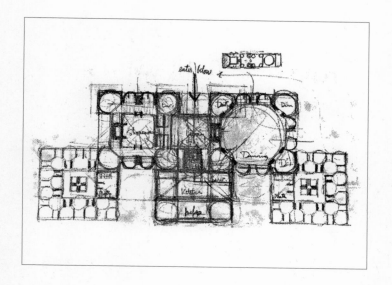

루이스 칸, BCD10

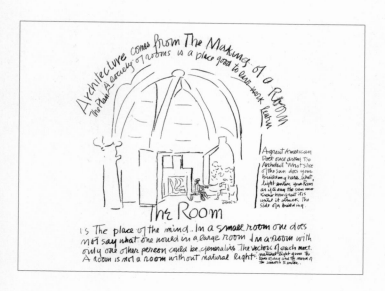

루이스 칸의 방 드로잉

루이스 칸의 미크베 이스라엘 시나고그

시토회 실바칸 수도원 성당

프란츠 푸에그의 장크트 피우스 성당

말하는 형태와 빛

건축강의 5: 말하는 형태와 빛

2018년 3월 5일 초판 발행 **◑** 2019년 3월 4일 2쇄 발행 **◑ 지은이** 김광현 **◑ 펴낸이** 김옥철 **◑ 주간** 문지숙
책임편집 우하경 **◑ 편집** 오혜진 최은영 이영주 **◑ 디자인** 박하얀 **◑ 디자인 도움** 남수빈 박민수 심현정
진행 도움 건축의장연구실 김진원 성나연 장혜림 **◑ 커뮤니케이션** 이지은 박지선 **◑ 영업관리** 강소현
인쇄·제책 한영문화사 **◑ 펴낸곳** (주)안그라픽스 우 10881 경기도 파주시 회동길 125 - 15
전화 031.955.7766(편집) 031.955.7755(고객서비스) **◑ 팩스** 031.955.7744 **◑ 이메일** agdesign@ag.co.kr
웹사이트 www.agbook.co.kr **◑ 등록번호** 제2 - 236(1975.7.7)

이 책의 국립중앙도서관 출판예정도서목록(CIP)은 서지정보유통지원시스템 홈페이지(seoji.nl.go.kr)와
국가자료공동목록시스템(nl.go.kr/kolisnet)에서 이용하실 수 있습니다.
CIP제어번호: CIP2018004235

ISBN 978.89.7059.942.7 (94540)
ISBN 978.89.7059.937,3 (세트) (94540)

말하는 형태와 빛

김광현

건축강의

5

안그라픽스

일러두기

1 단행본은 『 』, 논문이나 논설·기고문·기사문·단편은 「 」, 잡지와 신문은 《 》,
  예술 작품이나 강연·노래·공연·전시회명은 〈 〉로 엮었다.

2 인명과 지명을 비롯한 고유명사와 건축 전문 용어 등의 외국어 표기는
  국립국어원 외래어표기법에 따라 표기했으며, 관례로 굳어진 것은 예외로 두었다.

3 원어는 처음 나올 때만 병기하되, 필요에 따라 예외를 두었다.

4 본문에 나오는 인용문은 최대한 원문을 살려 게재하되,
  출판사 편집 규정에 따라 일부 수정했다.

5 책 앞부분에 모아 수록한 이미지는 해당하는 본문에 •으로 표시했다.

건축강의를 시작하며

이 열 권의 '건축강의'는 건축을 전공으로 공부하는 학생, 건축을 일생의 작업으로 여기고 일하는 건축가 그리고 건축이론과 건축 의장을 학생에게 가르치는 이들이 좋은 건축에 대해 폭넓고 깊게 생각할 수 있게 되기를 바라며 썼습니다.

좋은 건축이란 누구나 다가갈 수 있고 그 안에서 생활의 진정성을 찾을 수 있습니다. 좋은 건축은 언제나 인간의 근본에서 출발하며 인간의 지속하는 가치를 알고 이 땅에 지어집니다. 명작이 아닌 평범한 건물도 얼마든지 좋은 건축이 될 수 있습니다. 그렇지 않다면 우리 곁에 그렇게 많은 건축물이 있을 필요가 없을 테니까요. 건축설계는 수많은 질문을 하는 창조적 작업입니다. 그럴 뿐만 아니라 말하고, 쓰고, 설득하고, 기술을 도입하며, 법을 따르고, 사람의 신체에 정감을 주도록 예측하는 작업입니다. 설계에 사용하는 트레이싱 페이퍼는 절반이 불투명하고 절반이 투명합니다. 반쯤은 이전 것을 받아들이고 다른 반은 새것으로 고치라는 뜻입니다. '건축의장'은 건축설계의 이러한 과정을 이끌고 사고하며 탐구하는 중심 분야입니다. 건축이 성립하는 조건, 건축을 만드는 사람과 건축 안에 사는 사람의 생각, 인간에 근거를 둔 다양한 설계의 조건을 탐구합니다.

건축학과에서는 많은 과목을 가르치지만 교과서 없이 가르치고 배우는 과목이 하나 있습니다. 바로 '건축의장'이라는 과목입니다. 건축을 공부하기 시작하여 대학에서 가르치는 40년 동안 신기하게도 건축의장이라는 과목에는 사고의 전반을 체계화한 교과서가 없었습니다. 왜 그럴까요?

건축에는 구조나 공간 또는 기능을 따지는 합리적인 측면도 있지만, 정서적이며 비합리적인 측면도 함께 있습니다. 집은 사람이 그 안에서 살아가는 곳이기 때문입니다. 게다가 집은 혼자 사는 곳이 아닙니다. 다른 사람들과 함께 말하고 배우고 일하며 모여 사는 곳입니다. 건축을 잘 파악했다고 생각했지만 사실은 아주 복잡한 이유가 이 때문입니다. 집을 짓는 데에는 건물을 짓고자 하는 사람, 건물을 구상하는 사람, 실제로 짓는 사람, 그 안에 사는 사람 등이 있습니다. 같은 집인데도 이들의 생각과 입장은 제 각기 다릅니다.

건축은 시간이 지남에 따라 점점 관심을 두어야 지식이 쌓이고, 갈수록 공부할 것이 늘어납니다. 오늘의 건축과 고대 이집트 건축 그리고 우리의 옛집과 마을이 주는 가치가 지층처럼 함께 쌓여 있습니다. 이렇게 건축은 방대한 지식과 견해와 판단으로 둘러싸여 있어 제한된 강의 시간에 체계적으로 다루기 어렵습니다.

그런데 건축이론 또는 건축의장 교육이 체계적이지 못한 이유는 따로 있습니다. 독창성이라는 이름으로 건축을 자유로이 가르치고 가볍게 배우려는 태도 때문입니다. 이것은 건축을 단편적인 지식, 개인적인 견해, 공허한 논의, 주관적인 판단, 단순한 예측 그리고 종종 현실과는 무관한 사변으로 바라보는 잘못된 풍토를 만듭니다. 이런 이유 때문에 우리는 건축을 깊이 가르치고 배우지 못하고 있습니다.

'건축강의'의 바탕이 된 자료는 1998년부터 2000년까지 3년 동안 15회에 걸쳐 《이상건축》에 연재한 「건축의 기초개념」입니다. 건축을 둘러싼 조건이 아무리 변해도 건축에는 변하지 않는 본질이 있다고 여기고, 이를 건축가 루이스 칸의 사고를 따라 확인하고자 했습니다. 이 책에서 칸을 많이 언급하는 것은 이 때문입니다. 이 자료로 오랫동안 건축의장을 강의했으나 해를 거듭할수록 내용과 분량에서 부족함을 느끼며 완성을 미루어왔습니다. 그러다가 이제야 비로소 이 책들로 정리하게 되었습니다.

'건축강의'는 서른여섯 개의 장으로 건축의장, 건축이론, 건축설계의 주제를 망라하고자 했습니다. 그리고 건축을 설계할 때의 순서를 고려하여 열 권으로 나누었습니다. 대학 강의 내용에 따라 교과서로 선택하여 사용하거나, 대학원 수업이나 세미나 주제에 맞게 골라 읽기를 기대하기 때문입니다. 본의 아니게 또 다른 『건축십서』가 되었습니다.

1권 『건축이라는 가능성』은 건축설계를 할 때 사전에 갖추고 있어야 할 근본적인 입장과 함께 공동성과 시설을 다룹니다.

건축은 공동체의 희망과 기억에서 성립하는 존재이며, 물적인 존재인 동시에 시설의 의미를 되묻는 일에서 시작하기 때문입니다.

2권 『세우는 자, 생각하는 자』는 건축가에 관한 것입니다. 건축가 스스로 갖추어야 할 이론이란 무엇이며 왜 필요한지, 건축가라는 직능이 과연 무엇인지를 묻고 건축가의 가장 큰 과제인 빌딩 타입을 어떻게 숙고해야 하는지를 밝히고자 했습니다.

3권 『거주하는 장소』에서는 건축은 땅에 의지하여 장소를 만들고 장소의 특성을 시각화하므로, 건축물이 서는 땅인 장소와 그곳에서 거주하는 의미를 살펴봅니다. 그리고 장소와 거주를 공동체가 요구하는 공간으로 바라보고, 이를 사람들의 행위와 프로그램으로 해석하였습니다.

4권 『에워싸는 공간』은 건축 공간의 세계 속에서 인간이 정주하는 방식을 고민합니다. 내부와 외부, 인간을 둘러싸는 공간 등과 함께 근대와 현대의 건축 공간, 정보와 건축 공간 등 점차 다양하게 확대되는 건축 공간을 기술하고 있습니다.

5권 『말하는 형태와 빛』에서는 물적 결합 형식인 형태와 함께 형식, 양식, 유형, 의미, 재현, 은유, 상징, 장식 등과 같은 논쟁적인 주제를 공부합니다. 이는 방의 집합과 구성의 문제로 확장됩니다. 또한 건축에 생명을 주는 빛의 존재 형식을 탐구합니다.

6권 『지각하는 신체』는 건축이론의 출발점인 신체에 관해 살펴봅니다. 또 현상으로 지각되는 건축물의 물질과 표면은 어떤 것이며, 시선이 공간과 어떤 관계를 맺는지 공간 속의 신체 운동과 경험을 설명합니다.

7권 『질서의 가능성』은 질서의 산물인 건축물을 이루는 요소의 의미를 생각하고, 물질이 이어지고 쌓이는 구축 방식과 과정을 살펴봅니다. 그리고 건축의 기본 언어인 다양한 기하학의 역할을 분석합니다.

8권 『부분과 전체』는 건축이 수많은 재료, 요소, 부재, 단위 등으로 지어질 수밖에 없는 점에 주목해 부분과 전체의 관계로 논의합니다. 그리고 고전, 근대, 현대 건축에 이르는 설계 방식을 부분에서 전체로, 전체에서 부분으로 상세하게 해석합니다.

9권 『시간의 기술』은 건축을 시간의 지속, 재생, 기억으로 해석합니다. 그리고 속도로 좌우되는 현대도시에 대응하는 지속 가능한 사회의 건축을 살펴봅니다. 이와 함께 건축을 진보시키면서 건축의 표현을 바꾼 기술의 다양한 측면을 정리합니다.

10권 『도시와 풍경』은 건축이 도시를 적극적으로 만든다는 관점에서 건축과 도시의 관계를 해석합니다. 그리고 건축에 대하여 이율배반적이면서 상보적인 배경인 자연을 통해 새로운 건축의 가능성을 찾고, 건축과 자연 사이에서 성립하는 풍경의 건축을 다룹니다.

이 열 권의 책은 오랫동안 나의 건축의장 강의를 들어준 서울대학교 건축학과 학부생과 대학원생 그리고 나와 함께 건축을 연구하고 토론해준 건축의장연구실의 모든 제자가 있었기에 가능했습니다. 더욱이 이 많은 내용을 담은 책이 출판되도록 세심하게 내용을 검토하고 애정을 다해 가꾸어주신 안그라픽스 출판부는 이 책의 가장 큰 협조자였습니다. 큰 감사를 드립니다.

2018년 2월 관악 캠퍼스에서
김광현

서문

너무나 당연한 말이지만 건축물은 형태로 존재하고 형태로 나타난다. 이 세상에 형태로 존재하고 형태로 나타나지 않는 대상은 없다. 대상의 형태는 제각기 하는 역할이 있고 그에 따라 일정한 형상을 지닌다. 음식을 담는 부분과 손을 잡는 부분으로 이루어지지 않으면 숟가락이 될 수 없고, 바퀴와 뼈대, 핸들과 안장으로 이루어지지 못하면 자전거가 될 수 없다.

집에 있는 숟가락만 보아도 모양, 재질, 크기, 장식 등이 모두 다르다. 아이들마다 좋아하는 숟가락 모양이 다른 것을 보면 형태는 취향과도 관련 있다. 숟가락은 젓가락과 요소의 관계가 다르다. 할아버지가 오래 쓰던 숟가락이 할아버지의 인생을 말해주듯이 형태는 기억을 담는다. 형태에는 기능, 크기, 요소 관계, 유형, 취미, 기억 등이 관련된다는 뜻이다.

숟가락 하나를 두고도 이런 여러 가지 생각이 드는데, 건축물은 당연히 형태와 관련하여 모양, 크기, 재질, 형식이 있으며 이에 대한 논의가 훨씬 복잡하고 깊을 수밖에 없다. 더구나 건축은 다른 사람들과 함께 바라보며 사용하는 것이니 그 형태는 얼마나 다양하겠는가. 또한 흔히 보는 사물과는 달리 건축물은 사람이 움직이며 지각하기 때문에 형태가 다양하게 변화하며 나타나는 고유한 성질도 있다.

건축에서 형태를 그렇게까지 복잡하고 어렵게 생각할 필요가 있을까 하고 가벼이 여기는 경우를 많이 보았다. 그만큼 건축을 둘러싼 많은 생각이 형태와 결부하여 논의되기 때문이다. 그래서 건축에서는 유형, 양식, 장식, 관습, 취미, 연상 등 의미를 표현하는 개념이 늘 형태와 함께 나타난다. 건축의 형태를 통하여 이런 사회적인 의미를 함께 생각해야 한다.

건축 형태는 언어를 많이 닮았다. 오늘과 큰 관계없는 고전 건축이나 고딕 건축을 중요하게 배우는 이유는 건축이 언어로 구성되었으며 언어처럼 의미를 전하고 무언가를 늘 표상하는 데 있다. 그래서 오래전부터 관계, 규칙, 형식, 유형이라는 개념과 함께 형태를 생각해왔다.

건축을 하지 않는 사람은 많이 사용하는데 건축을 배우는 학교에서는 전혀 가르치지 않는 두 가지 형태 개념이 있다. 바로 양식과 장식이다. 양식은 구태의연한 과거의 산물이라 여긴다. 그러나 지금도 여전히 양식에 근거해 건축사를 가르치고 배우고 있다. 또한 장식은 없애버려야 할 부수물로 여긴다. 그러나 정작 장식의 문제이기도 한 디테일과 친근한 질감, 재료의 집합 방식을 말하며 설계하고 있다. 의도적이지 않아서 그렇지 설계에는 형태의 사고가 늘 개입하고 있다.

이제까지 건축이론은 공간에 특권적인 의미를 두었다. 이에 비하면 '방'에 대해서는 특별한 관심을 두지 않았다. '방'은 형태와 공간과 사람 그리고 자연이 만나는 장소다. 그래서 "평면은 방들의 사회"라고 한 루이스 칸의 말은 건축을 배우는 이들이 늘 생각해야 할 중요한 명제다. 중정을 가진 집들이 빼곡하게 모여 있는 마을이나 길을 따라 증식한 마을을 볼 때마다 평면은 방들의 사회임을 직감한다. 이것이 바로 방의 패턴이며 형태의 패턴이다. 그런 까닭에 무수한 건축물이 지속성을 가지고 지어졌다. 이 책『말하는 형태와 빛』에서는 이를 '구성'의 문제로 다루고 있다.

건축의 최종적인 재료는 빛이다. 건축의 가장 본질적인 모습은 구체적인 형태가 자연광에 비춰 그림자를 드리우고 시간에 따라 변화하는 빛을 공간에 담는 것이다. 건축은 '방'으로 시작하지만 방은 '빛'으로 완성된다. 이것은 건축만의 고유한 존재 방식이자 현상하는 방식이다. 그러나 건축과 빛의 관계는 일상에서 늘 주변을 살피는 것만으로도 쉽게 터득할 수 있다.

1장 건축의 형태

3장   평면은 방의 사회

4장   건축과 빛

1장

건축의 형태

건축은 형태로 나타나고 형태로 존재한다.

건축 형태의 조건

형태로 생각한다
건축은 형식의 조형

건축가는 생각을 형태形態, form로 나타내고 형태로 결정한다. 건물이 완성되기까지 모든 단계에서 수많은 드로잉을 그리고 평면, 입면, 단면과 도면을 그린다. 처음에는 재빠르게 그리다가도 최종 단계에서는 정밀하게 그린다.

건축가는 드로잉으로 머릿속의 구상을 형태로 나타내고, 형태를 그림으로써 공간을 그리고 생각한다. 레오나르도 다 빈치 Leonardo da Vinci는 "나는 손과 눈으로 생각한다."라고 말했다. 건축가는 본 것을 형태로 그리지 않는다. 형태를 그림으로써 공간을 보고 장소를 보며 프로그램을 본다.

형태에는 형식形式, form이라는 뜻도 있다. 그릇 없이 물을 담을 수 없듯 형식은 내용을 담는 그릇이다. 모든 사물은 내용과 형식을 가진다. 세미나란 하나의 주제를 두고 누군가가 연구를 상세하게 해와서 발표한 다음, 이에 대한 토론과 의견을 제시하는 형식이다. 어떤 내용을 교육할 것인가에 따라 발표 형식이 결정된다. 이처럼 '형식'은 겉치레가 아니다. 형식이 내용의 옳고 그름을 결정하기도 한다.

형태는 영어로 'form'이다. 사전을 찾아보면 설명이 복잡하다. 무엇이 드러나는 특정한 방식이라는 뜻도 있고, 공식적인 문서의 서식書式, 사람이나 사물의 모습, 글이나 회화의 형식을 의미하기도 한다. 여러 뜻을 합하면 'form'은 물체나 사람이나 사물의 형식이 된다. 'romantic art form'은 낭만적 예술 형식이라고 번역한다. 'form'은 형태이고 형식이다.

그러나 형태는 눈에 보이는 모양만이 아니다. 모양을 성립시키는 무언가의 질서, 이해, 법칙이라는 뜻도 있다. 형식은 눈에 보이는 모양에 질서를 주는 상태, 곧 구성에 가깝다. 형태는 이렇게 형상과 형식 등 모양을 둘러싼 여러 말의 사이에 있으므로 사용하는 방법에 따라 다른 의미를 지닌다. 형상形狀, shape은 눈에 보이는 모양, 표면적으로 지각되는 모양을 뜻한다. "This box has the same shape as yours."는 "이 상자는 네 것과 모양이 같다."라는 의미지만 "This box has the same form as yours."는 "이 상자는 네 것과 형식이 같다."가 된다.

구성configuration, 구조structure, 패턴pattern, 조직organization, 관계 체계system of relations 등 우리는 형태와 같은 의미를 지닌 말을 많이 사용한다. 이런 용어를 보면 한쪽은 눈에 보이는 사물의 모양인 외적 형태를 나타내고, 다른 한쪽은 물질의 집합체가 공간 안에서 배치되는 추상적인 틀 또는 구조를 나타낸다. 형태와 형식은 여러 측면에서 두루 사용된다.

건축물은 매우 형식적인 조형이다. 기둥과 보는 수직과 수평으로 지어져야 한다. 바닥도 수평이어야 계단이 건물에 놓일 수 있다. 재료도 결합되는 고유한 형식이 따로 있다. 건물은 주택, 아파트, 사무소, 학교, 은행, 신전, 극장과 같은 유형으로 지어진다. 건물 유형이 그렇다. 학교 교실이나 극장 좌석도 모두 그에 맞는 배열 형식이 있다. 이런 형식을 부정하고 새로운 건물을 짓는다고 해도 그것 역시 기존 형식에 대한 새로운 건축이다.

내용은 쉽게 바뀔 수 있으나 형식은 바꾸기 어려우며 바뀌더라도 더디게 바뀐다. 시를 보면 시의 내용은 새롭게 변해도 시의 형식은 쉽게 변하지 않는다. 건물 유형인 학교, 공장, 병원도 공장의 생산 활동, 학교의 교육 사업이라는 내용에 대한 하나의 형식이다. 학교의 교육 내용이 바뀐다고 학교라는 건물 유형이 갑자기 다른 형식으로 바뀌지 않는다. 형식의 이러한 성격 때문에 형식을 보수적인 것으로 보는 태도가 생긴다.

축구나 야구를 비롯한 모든 운동경기는 매우 정밀한 '공간 형식'의 게임이다. 일반적으로 건축에서 '형식'이라고 하면 딱딱하고 자유를 억제하는 무언가라고 가벼이 여기지만 실은 그렇지 않다. 조선 시대의 주택에서 사랑채는 '남자의 공간'이고 안채는 '여자의 공간'이었다. 이는 남자와 여자라는 생물적인 차이로 공간을 나눈 것이 아닌 시대의 생활 규범에서 비롯한 것이다. 그런데 규범과 사회 질서, 제도는 모두 형식에 관한 것이다. 이러한 주택은 사회 질서와 규범에 대한 하나의 공간 형식을 가지고 있다.

형식에 삶이 있다

건축은 형태로 나타나고 형태로 존재한다. 어떤 건물을 보고 감명받는 것은 지어진 과정을 알기 때문이 아니다. 건축의 형태는 지각의 대상이다. 그러나 건축의 형태는 지각을 통해서 감정에 호소하며 결국 경험하는 것이다. 미국의 비평가 수전 손택Susan Sontag은 이렇게 말한다. "우리가 예술을 통해 얻은 지식이란 어떤 지식 그 자체가 아니라, 어떤 것을 아는 형태form 또는 양식style에 관한 경험이다."[1]

내용과 형식의 관계는 건축과 같은 만들어진 사물에만 해당되는 것이 아니다. 모든 생물에는 고유한 내용과 형식이 있다. 세포, 혈액, 기관과 같은 물질적 요소가 생물의 내용이라면, 생물을 이루는 물질적 요소의 조직과 구조가 생물의 형식이다. 고대 그리스 철학에서는 수액, 세포의 장, 가지의 마디, 잎사귀 등의 내적인 운동 전체를 '형상인形相因'이라고 했다. 이것으로 이 나무는 다른 나무와 다른 특징을 갖는다. 살아 있는 생물도 내용과 형식의 결합으로 이루어져 있는데, 하물며 사람이 짓고 사는 건축은 말할 나위도 없다.

한 가지 예를 들어보겠다. 우리는 좌우대칭이라고 하면 권위와 권력을 나타내는 대표적인 형식으로 여긴다. 그러나 건축 역사 속에 나타난 좌우대칭은 겉보기의 장대함을 나타내는 메마른 형식이 아니었다. 이집트 에드푸Edfu에 있는 호루스 신전Temple of Horus의 다주실多柱室과 열주랑은 좌우로는 같은 형식의 주두를, 그리고 이웃하는 기둥에는 다른 형식의 주두를 가진 기둥을 배열할 정도로 철저하게 좌우대칭을 이룬다. 하지만 이렇게 엄격한 대칭성은 이집트의 것만이 아니었다.

고대 이집트의 대칭성은 도형의 관계만을 주목한 로마 건축

가 마르쿠스 비트루비우스 폴리오Marcus Vitruvius Pollio의 심메트리
아symmetria가 아니었다. 즉 자동적인 형식미를 위한 그리스나 로
마의 심메트리아와는 사뭇 달랐다. 이집트의 대칭성은 상上 이집
트와 하下 이집트, 파피루스papyrus와 로터스lotus, 남자와 여자, 삶
과 죽음, 낮과 밤이라는 무수한 이원론적인 대응을 의미했으며,
나일강의 동과 서라는 자연경관과 인체를 소박하게 유추한 것이
었다. 건물이 축을 따라 좌우대칭으로 서 있는 이유는 나일강 자
체가 장대한 축이었기 때문이다. 피라미드는 중심의 초점을 이루
지만, 그것은 일련의 건축물이 도달하는 점이었고, 나일강이 그렇
듯 선형으로 길게 늘어선 신전 자체가 통행을 위한 수로였다.

　　그런데도 건축에서 형태라고 하면 겉, 치장, 개인적인 착상,
경직된 형식 등을 가장 먼저 떠올린다. 건축에서 형태는 도형을
추상적으로 배열하여 결정하는 메마른 무언가가 아니다. 형태는
공간과 함께 인간의 삶을 반영하며, 인간의 삶을 구체화한다. 만
일 우리가 형태를 완벽한 것, 고정된 형식, 겉보기 같은 것으로만
여긴다면, 형태가 인간의 삶을 배제하기 때문이 아니다. 오히려 우
리가 형태 속에 스스로의 삶을 내장하지 못하기 때문이다.

형태에 논쟁이 많은 이유

이상하게도 건축이론의 중심에는 늘 건축의 형태 문제가 있었
다. '형태는 어떤 의미를 어떻게 주는가.' '형태와 기능은 어떤 관계
에 있는가.' '장식은 부질없는 것일까.' '그렇다면 건물의 재료와 질
감 그리고 그것들이 어떻게 결합해야 좋은지는 왜 따지는 것일까.'
'1970년대 한국 건축에서 전통 논의를 하며 왜 옛 건축의 모양을
본떠 변형하려고 했는가.' '그것이 잘못되었다면 어떻게 한국적인
것을 표현할 수 있을까.' '물질로 기억을 남기는 것이 기념이라면
건축의 기념비성은 어떻게 표현해야 하는가.' '기업의 브랜드를 표
현하는 건물은 도시를 가득 채운 상업광고와 어떻게 같고 또 다
른가.' …… 이 어려운 문제 모두가 건축의 형태와 관련 있다.

　　설계에는 늘 자유로운 발상이 필요하다. 그러나 건축설계에

완전히 자유로운 발상은 없으며 수많은 제약 안에서 자유로운 발상일 수밖에 없다. 설계는 아무것도 없는 지금 여기에서 출발하는 것이 아니다. 이미 있는 개념과 틀처럼 많은 사람이 공유하고 서로 이해할 수 있는 요소와 함께 시작한다. 그 수많은 제약이 바로 형식이며, 형식 안에서 무엇이 우선하고 그다음이 무엇인가를 판단하는 구축 작업이 설계다. 지붕, 벽, 기둥, 문 등을 집합한다고 건축이 만들어지지는 않는다. 지붕, 벽, 기둥, 문 등이 형식 안에서 조정되어야 비로소 건물을 사용하고 경험할 수 있다. 형식이 있기에 발상이 많고, 발상이 많기에 논쟁도 많다.

그러나 공간은 어떤가? 이상하게도 공간은 이런 논쟁을 불러일으키지 않는다. 공간은 무색투명하고 중성적이어서 의미를 전달하지 않는다. 따라서 건축에서 공간에 대한 논쟁이 따로 있지 않다. 건물은 공간으로만 있을 수 없다. 건물에는 공간도 있지만 공간을 벽, 문, 창, 윤곽, 색깔 등 형태로만 지각하고 인식하는 경우도 많다. 동네의 풍경도 자세히 들여다보면 공간의 문제가 아니다. 내가 살고 있는 동네의 풍경은 그야말로 무수한 건축 형태가 집합된 것이다. 우리의 옛 마을도 형태가 집합한 것이고 도곤족Dogon people의 주거군도 형태가 집합한 것이다. 형태가 집합하여 문화를 만든다. 공간으로만 설명할 수 없는 형태의 문화가 도처에 있다. 그 이유는 단 하나다. 건축 형태는 언어이기 때문이다.

물체와 공간의 결합 방식
형태는 결합

스페인 건축가 안토니 가우디Antoni Gaudi는 도면을 그리지 않고, 모형을 만들어 석공에게 보여주곤 했다. 석공들은 2차원의 철판을 보고 3차원의 공간적인 형상을 상상하는 사람이라고 여겼기 때문이다. 물질을 보고 공간을 상상하는 것, 그리고 물질과 공간이 맞물려 있다는 점은 특이한 일이 아니다. 도공도 진흙 덩어리를 밀며 형태를 이루고 항아리의 공간을 만든다.

그런데 이와는 전혀 다른 형태가 있다. 물체가 만든 것이 아닌 빛이 만든 공간에도 형태가 있다. 아주 깜깜하거나 약간 어두운 무대에서 무용수들에게 비추는 빛줄기를 생각해보자. 무용수는 빛줄기에 둘러싸인다. 물체 덩어리일 때는 물체의 형태가 있지만, 공간 덩어리일 때는 공간의 형태만 있다. 따라서 건축에는 물체의 형식형태이 있고 공간에는 공간의 형식이 있다.

건축 형태는 물체와 공간이 합쳐진 것이다. 이탈리아 건축가 카를로 스카르파Carlo Scarpa가 베로나에 설계한 카스텔베키오 미술관Museo di Castelvecchio에는 칸그란데상Cangrande statue이 전시된 통로가 있다. 이 공간은 중세 성의 코뮌commune 벽과 박물관의 지붕 및 벽 사이에 만들어졌다. 두 벽을 구성하고 있는 구조와 재료들은 마치 발굴되어 방치된 듯 몇 겹의 층을 이룬다. 지붕은 철골 구조가 노출되어 있고 그 위에는 로마 타일, 동판이 겹을 이루고 있다. 돌출된 기마상과 브리지, 개구부 등은 크고 작게 분할된 바닥에 대응하면서 전체 공간을 나누어간다.

게다가 이 통로 공간은 이질적인 재료와 돌발적인 형태, 여기저기 산재하며 교차하는 형태로 미묘하게 규정되어 있다. 오히려 형태 요소가 서로 이어지면서 공간의 방향을 설정하고 공간을 부분적으로 확대해나간다. 이 공간의 평면은 물체의 형상과 위치를 머릿속에서 배열하지 않으면 전체 공간을 감지하기가 어렵다.

건축 형태는 바깥에서 닫으려는 물체와, 물체를 바깥으로 확장하는 공간이 서로 작용하여 존재한다. 영국 건축사가 제프리 스콧Geoffrey Scott은 건축이란 물체와 공간의 결합 이상이라고 설명했다. "건축이란 공간의 결합, 물체의 결합, 선의 결합이며, 이 결합은 빛과 그늘을 통해 드러난다. 그리고 건축은 단순하고 즉각적으로 지각된다."[2] 건축은 공간이 결합하고, 물체가 결합하며, 선이 결합한 것이다. 이 결합이 곧 형태다. 여기서 문장을 잘 읽어야 한다. 건축은 공간과 '물체'와 선의 결합이라고 했지 공간과 '형태'와 선의 결합이라고 말하지 않았다.

"조각가가 진흙을 빚듯이 건축가는 공간으로 건축을 만든다.The architect models in space as a sculptor in clay." 제프리 스콧이 말한

"model"이란 공간의 결합과 물체의 결합을 말한다. 미국 도시계획가 에드먼드 베이컨Edmund Bacon도 "건축 형태는 물체와 공간의 접점"이라고 말한 바 있다.[3] 건축 형태는 물체이고 그 안에 공간이 담긴다고 보아서는 안 된다. 물체와 공간이 만나는 방식이 건축 형태다. 건축의 본질은 공간이고 형태는 공간을 구성하기 위한 수단이라고 생각하면 안 된다.

터키 이스탄불 아야소피아Ayasofya의 세 가지 형태 도면*을 놓고 기둥과 아치, 벽의 모양에 주목해보라. 도면에는 건물이 만든 '물체의 형태'가 나타나 있다. 그리고 벽과 기둥 사이에 비어 있는 것을 까맣게 그리면 그것은 벽과 기둥 등이 둘러싸고 있는 '공간의 형태'다.[4] 이 두 가지는 확실히 다르다. 그다음 마지막 도면은 공간이 어느 정도 닫혀 있는지와 천장에 그린 모자이크가 반사하는 모습에 주목했다. 이것은 빛과 함께 나타난 '선의 형태'다.

오스트리아 건축가 오토 바그너Otto Wagner의 빈 중앙체신은행Österreichische Postsparkasse의 출납 홀은 근대건축이 추구해야 할 반투명한 볼륨의 공간을 최초로 보여주는 예다. 천장만이 아니라 바닥까지 반투명하게 빛나는 면으로 되어 있다. 이 새로운 공간의 질서와 빛의 효과는 삼랑식三廊式 성당과 같이 하나의 완결된 전통적인 형식 안에서 나타난 것이었다. 존재감이 희박한 반투명한 새로운 공간이지만, 그것이 따로 있지 않고 또 다른 강력한 물체의 질서 안에 있다. 따라서 빈 중앙체신은행 출납 홀의 형태에는 새로운 공간의 형식과 물체의 조직 형식이 함께 나타나 있다.

물체 형태와 공간 형태

건축사가 파울 프랑클Paul Frankl은 건축 형태를 물체 형태物體形態, corporeal form, 공간 형태空間形態, spatial form, 가시 형태可視形態, visible form라는 세 가지로 나누었다. 여기서 '물체 형태'는 내벽과 외벽, 바닥과 지붕이라는 물체가 이루는 형태를 말하고, '공간 형태'란 벽이나 지붕이 둘러싸고 있는 공간의 형태를 말한다. '가시 형태'는 건축물을 시각적으로 체험하는 형태다.[5] 건물은 한 번에 형태를 알 수 없어서, 외관도 보고 안도 살펴보아야 하는데 그때마다 달라지는 건축물의 형태를 '가시 형태'라고 불렀다.

액체, 기체, 고체가 물의 세 가지 모습이듯 같은 물체라도 건축에서는 세 가지 형태가 있다. 물체로 보는 형태, 공간으로 보는 형태, 움직이며 보는 형태다. 물체로 보는 형태는 얼음과 같은 고체인 물질로 보는 물과 같다. 그 안에 담긴 공간으로 보는 형태는 수증기와 같은 기체의 형태를 보는 것이다. 그리고 움직이며 시각적으로 체험하는 형태는 물처럼 흐르는 동적인 관계에서 체험하는 형태라고 할 수 있다.

건축 형태는 물체로 둘러싸인 공간으로도 체험되고 그것을 둘러싼 벽체와 지붕이라는 물체로도 체험된다. 그렇다고 물체의 형태는 밖에서, 공간의 형태는 안에서 파악된다고 여겨서는 안 된다. 물체의 형태는 안에서도, 공간의 형태는 밖에서도 파악된다.

로마 판테온Pantheon에서는 물체 형태와 공간 형태가 일치하고 있다. 프랑스 건축사가 오귀스트 슈아지Auguste Choisy의 『건축사 Histoire de l'Architecture』에는 아야소피아의 단면 액소노메트릭sectional axonometric[6], 즉 축측투상도가 실려 있다.

축측투상도는 판테온 공간이 평면과 단면과 내부 볼륨이 통합되어 있음을 객관적으로 설명하기 위해 고안되었다. 이 도면에서 검게 칠해진 단면과 평면은 물체 형태를, 그것이 둘러싸는 볼륨은 공간 형태를 나타낸다. 르네상스 시대 파치Pazzi 가문의 경당도 물체 형태와 공간 형태가 서로 어떤 작용을 하는지 잘 나타낸다. 물체 형태는 바닥에 그려진 정확한 비례를 따른다. 그러면서도 공간은 앞쪽, 좌우, 상부로 확장된다.

르 코르뷔지에Le Corbusier가 롱샹 성당Chapelle de Ronchamp을 설계하기 위해 첫 번째 노트북에 그린 스케치[7]가 있다. 그는 건물 안과 밖의 공간을 벽으로 한정하여 그렸다. 네 개의 벽면은 성당의 내부 형태를 결정한다. 어디 그것뿐인가. 벽은 사방으로 펼쳐진 언덕의 풍경을 나눈다.

"나는 언덕에서 조심스럽게 네 개의 지평선을 그렸다. ……

건축적으로 음향적 반응을 불러일으키는 것은 바로 이 도면이다. 형태라는 영역의 음향학." 소리가 저 멀리 전해지고 다시 이쪽으로 메아리쳐 오듯이, 형태라는 영역의 음향학이란 형태가 주변을 향해 공간을 형성한다는 의미이다.

이 스케치는 안팎의 공간을 획득하고 있다. 남쪽 벽면은 언덕을 향해 올라온 시선에 대응하며, 동쪽 벽면은 순례자를 위해 마련된 미사 장소를 위한 것이고, 북쪽 벽면은 입구를 만들어 내부 공간으로 사람을 이끈다. 벽만이 아니다. 롱샹 성당의 바닥은 야외 제단 쪽으로 자연스럽게 흘러가도록 바닥이 제단 쪽으로 약간 기울어져 있다.[8] 형태란 표현의 수단이 아니다. 형태는 공간에 조응照應하는 것이다. 형태와 공간은 이렇게 작품으로 구체화된다.

현대건축에서는 형태를 주변에 아랑곳하지 않고 독립해 있다고 본다. 바깥 풍경이 투영되거나 외관이 보이지 않는 건물을 형태가 포기되었다든지 지워졌다고 주장한다. 형태를 포기하면 건축은 세계로 열린다고도 말한다. 그러나 이는 단지 언어상의 간접적인 표현일 뿐 실제로는 성립되지 않는다. 문자 그대로 형태를 포기하는 것은 건축을 포기하는 것이다.

형태와 기능
형태는 기능을 따른다

"형태는 기능을 따른다.Form follows function."라는 명제는 20세기 모더니즘 이후 형태와 기능에 관한 매우 중요한 주제이자 근대건축 사고의 바탕이 되었다. 이 명제에 따르면 기능이 먼저 있고 그에 따라 형태가 결정된다. 형태나 미가 먼저 있는 것이 아니라 쓰임새에 따라 기능이 정해진다는 주장이다.

이 명제는 미국의 건축가 루이스 설리번Louis H. Sullivan이 말했다. 미국의 조각가 호레이쇼 그리너Horatio Greenough가 말했다고도 한다. 건축에서 형태적인 해결은 건물의 기능에 있다고 주장한 그리너에게 영향을 받은 설리번이 신조어를 만들었고, 이 내용이 1896년 책으로 출판되면서 널리 알려졌다고 한다. 그러나 원조인 그리너의 말은 이보다 늦은 1930년대에 발견되었고, 1947년에 책으로 나와서 이 말의 원저자가 누군지 혼동이 있었다.

건축가 비트루비우스는 『건축십서De Architectura』에서 건축은 용用, 강强, 미美로 이루어진다고 설명했다. 이때 기능에 대응하는 '용'과 형태에 대응하는 '미'는 서로 독립적이었고, 기능과 형태의 상관관계는 없었다. 고전주의만이 아니라 고딕 건물에서도 건축 형태는 양식이라는 형태의 생성 체계에 따라 정해졌다. 19세기 역사주의 건물에서도 외관과 용도 사이에는 과거의 기억이나 역사적인 연상의 대응이 있었다. 교회에는 중세 고딕 양식, 시청사에는 고대 그리스 양식을 따른 신고전주의 양식 등이 그랬다.

공장과 사일로silo처럼 물건을 대량생산하고 저장하는 시설이 사회적으로 중요해졌는데 이것들이 이전 양식을 따를 리 없었다. 이 시설들은 기능에서 시작하고 기능으로 끝나는 구조물이었다. 장식이 붙어 있을 이유가 하나도 없었으며, 기계가 생산할 수 있는 커다란 볼륨이 훨씬 중요했다. 근대건축에서는 건물의 외형과 용도의 연관 관계가 사라졌으며, 용도와 형태 사이에 새로운 관계를 성립해야 했다. 이렇게 해서 용도와 형태를 묶는 함수function가 나왔다.

효율과 경제성 그리고 합목적성을 위해서 1920년대에는 신체 치수를 기준으로 개별적인 기능을 수용하는 공간을 편성하고자 했다. 여기에 더 스테일De Stijl이나 구성주의 등 전위적 예술운동이 가세했다. 기하학적 형태에 기능을 대입해 새로운 건축을 모색하는 기능주의가 나타나게 되었다. 이들은 기능에 대해 다양한 생각을 가지고 있었다. 독일의 휴고 헤링Hugo Häring 같은 건축가는 건축을 생물과 같은 유기적인 조직체로 보고 기능을 충분히 발휘하는 형태를 발견해야 한다고 했고, 핀란드의 알바 알토Alvar Aalto 같은 건축가는 기능과 형태의 관계를 추구했다.

"주택은 살기 위한 기계다."라고 말한 르 코르뷔지에는 근대 사회에서 건축의 작용과 역할을 기계에 견주었다. 기계란 특정 목적을 위해 최대의 효율을 추구하면서 부분과 전체가 유기적으로 연관되는 기술이다. 기능주의는 기계의 합리성과 합목적성을 모델로 했다. 이것은 건축만이 아니라 도시에도 적용되어, 제4회 근대건축국제회의Congres Internationaux d'Architecture moderne, CIAM에서는 아테네 헌장으로 기능주의에 입각한 근대도시의 모습까지 모색하게 되었다.

형태를 거부한 근대건축

근대건축은 이론상으로 형태를 거부했다. 독일 건축가 미스 반 데어 로에Ludwig Mies van der Rohe는 "우리는 어떠한 형태도 알지 못한다. 다만 건축의 문제들만을 알 뿐이다. 형태는 목적이 아니라 우리가 한 노력의 결과다. 형태 자체는 존재하지 않는다. …… 형태를 목표로 하는 것은 형식주의다. 따라서 우리는 형식주의를 거부한다. 마찬가지로 우리는 어떠한 양식도 추구하지 않는다."[9]라고 말했다. 네덜란드 건축가 테오 판 두스뷔르흐Theo van Doesburg도 "형태. 고정된 유형을 의미하는 모든 형태 개념을 거부하는 것은 건축그리고 예술 일반을 건전하게 발전시키는 근간이 된다."[10]라고 말하며 형태를 단호히 거부했다.

르 코르뷔지에도 표면적으로는 마찬가지였다. "건축을 합리적이고 경제적 측면에서 행하려는 근대건축에 대하여, 미학적이며 형식주의적 방법에 근거한 오늘날의 국립 아카데미나 대학은 끊임없는 장애를 의미한다."[11]라고 형식성을 비판했다.

그런데도 그들은 건축사에 없던 순수한 건축 형태를 창조했다. 미스는 커다란 상자 안에 모든 기능을 담는 건축 형태를 만들어냈으며, 코르뷔지에는 형태와 기능이 결합된 정형定型, 즉 타입type을 통해 근대의 형태 규범을 창조했다. 근대 건축가의 이런 발언은 '형태' 전반의 부정이 아니라, 역사 양식과 장식에 주된 관심을 가졌던 19세기 말 예술지상주의에 대한 반동이었다.

근대의 기능주의는 새로운 재료와 기술이 가져온 형태의 가능성이나 복잡해진 생활환경에 대응하지 못하였으며, 그들이 창안한 형태는 개인적인 것이었다. 또한 근대건축은 근대적인 생산 과정을 형태로 표현하지 못하였으며, 기능과 재료에 대해서도 덜 정직했고 사회 조건에 대해서도 충분한 반응을 보이지 못했다.

그런데도 "형태는 기능을 따른다."라고 할 수 있을까? "형태는 실패를 따른다.Form follows fiasco."[12]라는 문장을 보자. fiasco피아스코는 큰 실수라는 뜻인데, 영국 건축가 피터 블레이크Peter Blake는 실패 사례를 통해 근대건축을 비판했다. 형태가 기능을 따른다고 했지만 정작 만든 것을 보면 불편한 의자, 겉으로는 멋있지만 읽을 수 없는 시계, 호화로워 보이지만 살 수 없는 집이다. 그는 근대건축가의 교의敎義를 건설, 경제, 인간이라는 현실과는 거리가 먼 환상이었다고 비판했다.

1970년대에는 형태에 대한 근대건축의 태도를 비판하는 움직임이 나타났다. 새로운 형태란 언제나 새로운 기술로 만들어지는 것은 아니다. 르네상스 건축이 새로운 움직임이 된 이유는 새로운 구조로 발전되어서가 아니었다. 오히려 구조적 측면에서는 르네상스 건축이 고딕 건축보다 낫다고 할 수 없다. 최초의 고층 사무소 건축은 전통적인 조적구조로 과거의 양식을 따랐는데, 이는 기술의 발전이 형태를 직접 결정하지 못함을 말해준다.

발전된 기술로 만들었다고 해서 그 형태가 갑자기 새로워진 것은 아니다. 따라서 기능, 기술, 경제 등 건축의 바깥에서 작용하는 사회적인 현실이 그대로 형태를 결정한다고 볼 수 없으며, 이런 관점에서도 근대건축은 19세기의 공학 기술의 발전에 힘입은 것으로 설명하는 태도는 옳지 못하다.

포스트모더니즘 이후 형태와 기능의 관계가 자의적이라는 의식이 공유되었고, 건축 형태를 자율적인 언어 체계, 곧 '기호'로 보기 시작했다. 형태와 기능, 형태와 의미가 분리되었고 이에 대한 해석은 한층 더 개인적인 것이 되었다. 그 결과 건축 형태는 기술이나 용도와 아예 무관하다고 여기는 경향이 짙어졌다. 건축 형태의 자율성은 이러한 경로를 거쳐 다시 나타났다.

문예이론인 러시아 형식주의가 여기에 큰 영향을 미쳤다. 1920년대에 왕성했던 사회주의 리얼리즘에 대하여 러시아 형식주의는 예술의 근거는 예술형식의 내적 구조에 있다고 보았다. 건축의 외부에 있는 사회적인 현실을 끌어들여서 형태가 자의적으로 생성되지 않게 해야 한다고 주장했던 기능주의와 정반대 입장이었다. 형식주의는 형태의 법칙이 없어서 형태를 자의적으로 만들어낸다고 기능주의를 공격했다. '형태는 형태를 따른다.Form follows form.'라는 입장이다.

같은 기능, 다른 형태

'기능은 형태를 따른다.Function follows form.'는 무엇을 말하는 것일까? 디지털 시계는 단순하고 정확하지만 그 점이 시계를 특별히 아름답게 만들지는 않는다. 비록 기능성은 떨어지지만 아날로그 시계를 더 좋아하는 사람도 많다. 사람들은 같은 것이라면 아름다운 것을 더 좋아한다. 이렇게 생각하면 기능은 형태를 따르는 것이 된다. '형태는 즐거움을 따른다.Form follows fun.' 등 머리글자가 FFF인 변형 명제가 많이 생겨난 것도 이 때문이다.

　　같은 건물 유형이지만 구상하는 건축가에 따라 전혀 다른 해법이 나올 수 있다. 같은 조건으로 과제를 주었는데 학생들이 내는 설계안은 모두 다르다. 같은 조건으로 설계 경기를 해도 응모자는 모두 달리 제안한다. 로마 시대에 만들어진 똑같은 원형경기장이 시간이 지나면서 전혀 다른 것으로 발전한 역사적 사실을 보자. 프랑스 아를Arles의 원형경기장은 중세에 성으로 사용된 이래 19세기까지 건물들로 채워졌고, 이탈리아 루카Lucca의 원형경기장은 도시에 흡수되어 공공 공간이 되었다.

　　그러나 원형경기장은 갑자기 변형된 것이 아니었다. 이미 있던 형식과 구조, 그리고 형태와 재료를 지키기도 하고 허물기도 하고 재료를 이어 붙이기도 하면서 지속했다. 오래전부터 있던 것을 고쳐서 오늘날에도 잘 사용하고 있는 것이다. 그러나 그 속을 조금이라도 들여다보면 참으로 무수한 형태와 형식이 끊이지 않고 죽 잇따라 이어져 있다.

　　더욱 섬세하게 변형된 예로는 4세기에 만들어진 크로아티아 스플리트Split의 디오클레티아누스 궁전Diocletian's Palace이 있다. 이 궁은 중세에 도시로 변했는데도 지금도 희미하게 본래의 자취를 간직하고 도시의 핵을 이루고 있다. 궁전 벽의 일부와 니치는 주거의 벽과 방으로 쓰이고 있으며, 또 확장하는 주변에 흡수되면서 새로운 기능으로 사용되고 있다.

많은 건물이 비슷한 면적으로 본래의 궁전 옆에 증축되었지만, 이 건물들은 궁전의 형식을 따르지 않고 있다. 처음 형태가 남아 있다는 것은 공통된 형식이 유지된 채 변형되었음을 의미한다. 건축 형태에 공통 형식이 존재하지 않는다면 1,600여 년 전 건물의 골격이 오늘날에 전해질 리 없다.

처음에는 건축물을 한 가지 목적으로 고정하여 만들고자 했지만, 시간이 지나 본래 목적은 사라지고 다른 시설로 바뀌는 경우가 많다. 처음에는 창고로 지었는데, 나중에는 미술 전시관으로 바꾸어 사용하는 시설의 전용轉用도 마찬가지다.

2007년 지어진 카이샤포럼 마드리드CaixaForum Madrid는 화력발전소를 미술관으로 전환한 것이다. 도시계획법에 따라 건축물 벽돌 외벽은 보존 대상이었고 발전소 내부는 층고가 높은 단층이었으므로, 외벽과 창과 문을 남긴 뒤 그 위에 4,500장의 코르텐강의 외벽으로 증축했다. 한편으로는 산업시대의 벽돌 건물과 오늘날의 코르텐강이 뚜렷하게 구분되면서도 동시에 지각되도록 고쳐 지었다. 이는 공간으로 풀 수 없는 건축 형태의 문제다. 형태를 겉보기, 껍질이라고 낮추어 보지만, 반대로 형태가 도시 공간에 얼마나 중요한지 달리 이해해야 한다.

스위스 건축가 베르나르 추미Bernard Tschumi는 형태와 기능이란 본래 독립된 것이고 상호 관계가 없다고 주장했다. 같은 형태라도 여러 기능이 그 안에 들어갈 수 있다는 것이다. 그는 "형태는 허구를 따른다."라고 말했는데 기능 이전에 문화가 있고, 문학과 같은 문화적 가공물이 건물을 사용하는 사람들의 경험에 프로그램되어 형태에 영향을 준다는 뜻이었다. 이것은 리노베이션 작업에서 현실적으로 많이 나타난다. 또한 건물을 오래 사용하면 처음에 의도했던 것과는 전혀 다른 바가 수없이 나타남을 증명해준다. 여기서 "형태는 기능을 따른다."라는 자세로는 도저히 해결할 수 없다. 계획하는 사람이 사용자를 바라보는 시각이 기능주의라면, 추미는 사용자가 계획자를 바라보는 시각을 제시했다.

형태와 양식
공통의 형태 체계

형태는 또 다른 문제를 안고 있다. 만드는 입장에서 생각하는 형태와, 만들어진 것을 사용하는 입장에서 보는 형태는 다르다. 만드는 사람은 형태가 없는 곳에서 형태를 찾기 시작하지만, 완성된 것을 보는 사람은 형태를 분석한다.

건축은 자연적이고 사회적인 조건에 바탕을 두고 외부 영향도 받아 세계 각지에서 여러 가지 독자적인 양식, 곧 형태의 공통적인 형식을 만들어낸다고 전제한다. 서양 건축을 가르칠 때 이집트 건축, 오리엔트 건축으로 시작하여 그리스, 로마, 비잔틴, 로마네스크, 이슬람 등으로 이어지고 아르누보, 아르데코, 국제양식, 포스트모던 건축을 양식으로 가르친다. 그런데 오늘날과 같이 복잡하고 다양한 시대에 전개되는 건축의 형태적인 특징을 한두 가지 양식으로 파악하는 것은 의미가 없다. 기껏해야 여러 시대 속 건축 형태의 특징이나 특출한 모양 정도로 인식할 뿐이다.

우리가 과거의 건축을 이해하기 위해서 사용하는 '양식style'이라는 개념은 19세기에 나왔다. 양식이란 특징적이며 공통적인 형태 체계를 나타내는 말이다. 하나의 형태 요소는 그 형태가 갖는 체계나 법칙 속에서만 의미를 가지며, 시간이 지나면서 점진적으로 발전된다는 뜻을 내포한다. 과거의 건축을 시대나 지역으로 분류한 양식은 건축설계에서 아주 유용한 참조 자료였다.

양식은 건축이나 예술이 아니더라도 일반적으로 많이 사용하며 본래는 문자를 쓰는 방식, 문장 또는 예술 작품 등의 유형적인 특징으로 말한다. 신고전주의 시기 프랑스 고고학자이자 건축이론가인 카트르메르 드 캥시Quatremère de Quincy는 시대나 기후, 풍토나 개인적인 특성을 배경으로 일정한 형태적인 특징으로서 양식을 설명했다.

19세기에 학문이 급속하게 발전되면서 건축에서도 양식을 수단으로 하여 시간적으로나 공간적으로 넓게 정리될 필요가 있었다. 19세기는 고대에서 현대에 이르는 모든 건축을 바라볼 수 있는 시대였다. 그러려면 이 방대한 건축물을 시대마다 지역마다 공통적인 형태와 구조로 분류해야 했다. 그렇게 고대, 중세, 근대로 양식이 나뉘고, 다시 더 자세히 분류하게 되었다. 독일 건축가 고트프리트 젬퍼Gottfried Semper는 『양식론Der Stil in den technischen und tektonischen Künsten oder praktische Ästhetik』[13]에서 기술과 결구 예술이라는 관점을 담아 양식으로 시대를 해석했다.

19세기에는 나름대로 고유한 양식이 있었다. 바로 절충주의다. 당시 역사적 양식은 그것이 생긴 사회의 이상을 담고 있다고 보았다. 고딕 양식은 종교 공동체의 이상을, 바로크 양식은 번영을 이상으로 한다고 여겼다. 시청사는 중세 양식, 박물관과 도서관은 르네상스 양식, 극장은 바로크 양식처럼 빌딩 타입별로 과거의 양식을 나누어 사용했다.

근대주의 건축은 표면적으로 양식을 모방하는 19세기 건축에서 벗어나기 위해 양식적인 장식은 죄악시하고 장식보다는 전체 형태를 중시했다. 양식은 어떤 소수가 의도해서 만드는 것이 아니며 많은 건축물에 있었던 무의식적이지만 공통의 특징을 후대에 정리한 데 지나지 않는다. 그럼에도 양식은 단순한 장식의 산물이 아니다. 그것은 전체로부터 세부에 이르는 다양한 조형 수법을 종합적인 형식으로 바라보는 자세다. 또 외형의 일정한 양식적인 특징은 그 시대의 사회와 깊은 관련이 있다.

연속과 단절

양식은 일반적으로 조형예술에서 많이 사용하는 용어다. 그런데 그보다 훨씬 많이 사용되고 거론되는 분야는 건축이다. 왜 그럴까? 일본의 건축이론가 모리타 게이이치森田慶一가 「양식의 문제樣

式の問題」에서 설명한 내용[14]을 요약하면 다음과 같다. 건축이 형식의 예술이기 때문이다. 그만큼 건축은 추상적인 예술이다. 회화나 조각은 건축에 비하면 내용 예술이고 구상 예술의 성격이 강하여, 누구라도 일단은 구체적인 의미를 파악할 수 있다. 그러나 건축은 구체적인 내용을 전하기에는 부족한 형식의 예술이다. 그래서 구체적인 내용을 전할 매개자가 없으므로 건축을 일정한 틀로 묶어서 의미를 전달해야 한다.

건축 양식은 어떤 시대의 건축 조형이 지닌 특이한 표현을 파악한다. 시간이라는 면에서 양식을 파악하는 두 가지 방법이 있다. 하나는 연속하고 다른 하나는 연속하지 않는 방법이다. 따라서 어떤 양식과 다음 양식이 단절 없이 연속할 때 뒤의 양식은 앞의 양식이 발전한 것으로 본다. 다른 한편으로는 양식으로 구분된 이상 이 두 양식은 각각 독자적 양식이어야 한다.

고전 양식과 고딕 양식은 뚜렷하게 구분되는 단층이 있다. 그러나 고딕 양식은 어느 날 갑자기 게르만족이 만들어낸 것이 아니다. 고딕 양식이 성립하기 위해서는 헬레니즘 양식을 흡수한 비잔틴 양식, 로마 양식에서 탈피한 프레로마네스크 양식, 그리고 게르만족의 독자적인 조형 감각으로 통합된 로마네스크 양식을 잇는 긴 시간이 필요했다.

양식을 공간적으로 파악하면 지역주의regionalism와 국제주의 internationalism로 구분된다. 분류는 국제주의보다는 지역주의가 먼저다. 지역주의에는 민족주의도 들어가고 좁게는 국민주의도 들어간다. 전통이라는 관념은 양식이 시간적으로는 연속되면서 공간적으로 지역을 강조한다. 전통은 일반적으로 양식에 형식 언어적인 성격을 확보하기 위한 것이다. 그러나 전통은 인간이 그에 대한 깊은 애착을 갖기 때문에 일반적으로 권위로 받아들이고 구속되고 모방하려는 경향을 띤다.

1970년대 이후 한국 건축에서 전통적 표현의 문제는 건축 형태에 관련된 것이었으며, 민족의 자립성을 앞에 두고 과거의 양식과 외형을 차용하려고 했다.[15] 건축에서 민족주체성 확립을 목적으로 최초로 제기된 전통적 표현이 바로 옛 건물을 재조립한 국립중앙박물관과 옛 형태를 변형시킨 국립부여박물관이다.

전통의 계승을 임의로 창조할 수 없는 양식적인 것으로 보아 과거의 건축 양식을 재조립하거나, 옛 건축을 적절히 변형하여 건축의 조형적인 수법을 한국화하려는 시도가 있었다. 그 결과 전통적 표현론은 건축 형태를 기능으로 부정해왔던 근대건축의 이론을 그대로 답습한 채 위장된 입면 형태만을 중요시함으로써, 형태란 개인적인 감성이나 취향으로만 결정되는 껍질에 지나지 않는다는 잘못된 통념이 크게 나타났다. 이런 논의에 대한 반성으로 전통적인 공간으로 관점을 옮겨 논의 방향을 바꾸었으나, 양식인 전통을 회피한 것이었다. 이런 논의에서 전통은 양식과 깊이 관련된 형태상의 개념이었다.

사후의 분류

오늘날에는 양식이라는 개념을 잘 사용하지 않으며 이 용어가 시대에 많이 뒤떨어졌다고 생각하는 경향이 있다. 그런데도 학교에서는 여전히 로마네스크 양식, 고딕 양식, 바로크 양식이라는 이름으로 건축 양식을 분류하고 양식의 서양건축사를 가르치고 있다. 역사를 양식으로 분류해서 가르치는 것이 편리하기 때문이다.

학교에서는 이탈리아 건축가 필리포 브루넬레스키Filippo Brunelleschi로부터 시작된 르네상스 양식이 고딕 양식을 이어 직선적으로 나타났다고 가르친다. 그러나 당시에는 고딕 양식과 르네상스 양식을 선으로 구별할 수는 없었다.

피렌체 대성당Cattedrale di Santa Maria del Fiore 전체는 중세 양식이었는데도 그가 1420년에서 1436년까지 설계한 돔 부분만 보고 르네상스의 시작이라고 말한다. 그렇다고 이 돔이 르네상스의 특징인 반구半球도 아니다. 그가 설계한 파치 가문의 경당도 마찬가지다. 돔을 중심으로 한 구성과 펜덴티브pendentive는 비잔틴 교회를, 각 부분의 기하학적인 비례관계는 르네상스를, 원기둥은 고대 로마를, 기와지붕이나 대리석을 붙인 포치는 중세 이탈리아의 민가를, 포치 중앙의 아치는 고대 로마의 개선문에서 나왔다. 르네상스를 대표하는 건물에 여러 양식이 혼재해 있다.

그렇다면 오늘날 양식은 필요한지, 양식을 어떻게 해석해야 할지 묻게 된다. 피렌체 대성당의 돔은 양식의 완성이 아니라 양식의 시작이기 때문이다. 공간과 구조가 어떤 새로운 추상적인 형식으로 나타났고, 그 형식이 사람들의 일상생활과 일치했다는 데 가장 큰 의미가 있다. 브루넬레스키의 돔은 르네상스 사람들의 일상생활을 추상적인 공간의 형식으로 나타낸 것이다.

브루넬레스키가 돔을 만들었을 때 르네상스 양식의 시작이라고 선언하지는 않았을 것이다. 그는 르네상스 양식이 무엇인지 몰랐다. 이후 지속된 형태 체계를 르네상스 양식이라고 나중에 분류했기 때문이다. 고딕 양식도 마찬가지여서 1240년에서 1400년 사이의 건설자들은 '태양이 이글거리는 것 같은' 레요낭Rayonnant 양식이라는 이름을 몰랐을 것이고, 1400년과 1550년 사이의 건설자들은 '불꽃이 타는 것 같은' 플람부아양Flamboyant 양식이라는 이름을 알았을 리 없다.

양식은 역사상 건축을 분류하고 범주에 넣은 방법이지, 그 자체가 건축의 본질적인 특징이 아니며 그 특징을 미리 알고 지어지지도 않았다. 이것은 18세기에서 19세기의 건축사가와 미술사가의 연구 업적이다. 따라서 양식은 형태가 추상적인 형식이고 공통의 형태 체계와 질서를 갖는다는 역사적인 증거이면서, 반대로 형태로 건축의 역사적 시간을 인위적으로 보여주는 방식이었다.

건축 형태의 관계

건축 형태는 언어
통사적, 의미적

언어는 전체를 요소로 나누고 요소가 모여 통합된다. 언어는 단어로 분절되고 그것이 순서에 맞추어 배열되어 의미를 이루도록 통

합된다. '나는 학교에 간다.'나 'I love you.'는 '나+는+학교+에+간다'
와 'I+love+you'라는 분절된 '단어'가 정해진 순서에 따라 '배열'되
어 이루어진 문장이다. 그러나 분절된 같은 단어라도 '학교+는+
나+간다+에' 'love+I+you'라고 배열되면 무슨 뜻인지 알 수 없다.
단어가 여기저기에 있지 않고 함께 있을 때 의미가 있다. 분절된
단어가 이렇게 배열되는 관계를 언어학에서는 '통사적 관계統辭的
關係, syntactic relation'[16]라고 한다.

　　같은 순서에 단어를 바꾸어 넣으면 다른 말이 된다. '나는
학교에 간다.'에서 '나' 대신에 '너'를, '학교' 대신에 '식당'을, '간다'
대신에 '갔다'를 넣으면 '너는 식당에 갔다.'가 된다. 'I love you.'에
서 'I' 대신에 'We'를, 'love' 대신에 'read'를, 'you' 대신에 'book'을
넣으면 'We read a book.'이 된다. 이 문장에서 'I'와 'We'는 서로 배
타적이어서 함께 있을 수 없다. 이처럼 한 문장에서 함께 있을 수
는 없지만 잠재적이어서 선택 가능한 단어끼리의 관계가 또 존재
할 수 있다. 분절된 단어가 이렇게 배열되는 관계를 언어학에서는
'계열적 관계系列的 關係, paradigmatic relation'라고 한다.

　　'11시 30분 45초'라는 시간에서 11시, 30분, 45초는 동시에
배열되어 있으므로 세 요소가 통사적 관계에 있다. 그런데 11시는
10시와 12시 사이에 있고, 30분은 29분과 31분 사이에 위치하는
것으로 보면 세 요소는 계열적 관계에 있다.

　　건축 형태에는 요소를 추상적으로 배치하는 통사적인 면과
내용에 바탕을 두는 의미적인 면이 있다. 먼저 사람이 사는 건물
을 집이라고 부른다. 그런데 집은 가족을 뜻하며 때로는 사회적인
계층을 뜻하기도 한다. 건축은 형태로 건물 이상의 의미를 나타
낸다. 그런가 하면 건축은 사회적이며 문화적인 의미에 의존하지
않고도 얼마든지 물질적이며 공간적인 관계를 따로 갖는다.

　　건물은 수많은 재료가 이어지고 합쳐져서 만들어진다. 재
료 자체가 요소가 되어 분절되고 통합된다. 또 건물은 당연히 바
닥, 지붕, 벽, 문, 기둥 등으로 이루어진다. 바닥이 기둥이 될 수 없
고 지붕이 벽이 될 수 없다. 있어야 할 자리에 있어야 한다. 바닥,

벽이라는 요소가 하나로 통합된다. 건축은 고유한 부분과 전체의 관계를 가지고 있다.

비트루비우스에서 시작하여 르 코르뷔지에에 이르기까지 건축은 언어였다. 영국 건축사가 존 서머슨John Summerson의 명저 『건축의 고전적 언어The Classical Language of Architecture』라는 제목처럼 건축 형태는 언어다. 건축을 언어학에 빗댈 때 독립 원기둥의 예를 많이 든다. 고전건축의 기둥을 보면 밑에는 주초柱礎, 그 위는 주신柱身, 다시 그 위는 주두柱頭라고 하여 기둥머리가 올라간다. 마치 주초나는 + 주신학교에 + 주두간다가 되듯 요소는 '통사적 관계'를 가지고 있다. 고전건축의 기둥만이 아니다. 건축설계를 할 때 지붕, 벽, 발코니, 입구를 어떤 순서로 엮을까 의문을 갖는 것 자체가 요소를 통사적 관계로 생각하는 것이고, 지붕을 어떻게 만들까, 조금 더 다르게 바꿀까 고민하는 것은 그 자체가 요소를 계열적 관계로 생각하는 것이다.

게다가 아테네 신전 에레크테이온Erechtheion에서 보듯이 여성을 모티프로 한 기둥이 카리아티드Caryatid, 여성상주女性像柱를 대신 바꿔넣을 수도 있다. 그러면 '나는 학교에 간다'를 '나는 정원으로 간다'라고 말하는 것과 똑같다. 또한 고전건축의 오더는 토스카나식, 도리아식, 이오니아식, 코린트식으로 나뉜다. 주두의 형태는 요소끼리 교환 가능하고 이 요소들은 '계열적 관계'에 있다.

또 기둥은 기단 위에서 반복하여 열주가 되고 그 위에는 엔타블레이처entablature가 놓여 기둥들을 이으며, 다시 그 위에 삼각형의 박공 페디먼트pediment가 지붕 끝머리에 놓인다. 이렇게 부분이 모여 더 큰 전체를 이루어 건물의 파사드인 정면이 되고, 또 이것은 다시 부분이 되어 더욱 큰 전체를 이루며 건물이 된다. 바닥, 벽, 천장이라는 구조상의 요소가 모이면 방이 된다. 방이 모이면 건물의 내부 공간이 결합하는 방식을 따로 갖는다. 이렇게 건축의 부분과 전체는 언어가 여러 겹의 포함관계를 이루며 문장을 만들어가는 것과 똑같다.[17]

고전건축의 오더order는 요소의 조합인 동시에 의미를 나타낸다. 토스카나식과 도리아식 오더는 남성을, 이오니아식은 나이든 부인을, 코린트식은 젊은 여성이라는 의미를 지닌다. 그러니까 "나는 학교에 간다."를 도리아식으로 하면 남성이 말하는 느낌이고, 이오니아식으로 하면 중년 여성이, 코린트식으로 하면 젊은여성이 말하는 느낌이 든다. 어떤 오더를 사용하는가에 따라 건축은 어떤 '성격'을 지닐 수 있다.

르 코르뷔지에는 1935년에 출간한 자신의 작품집에 '건축의네 가지 구성Les Quatre Compositions'이라는 이름의 스케치*를 넣었다. 이 스케치는 라 로슈잔네레 주택Villas la Roche-Jeanneret, 가르슈 주택 Villa Garche, 슈투트가르트 주택Villa Stuttgart, 사보아 주택Villa Savoye 등 네 개의 주택을 그린 것이며, 그의 초기 건축 형태와 구성 전체를 이해하는 중요한 단서가 된다.

이 주택끼리는 서로 통사적 관계가 있다. 네 개의 주택은 각각 기능의 단위를 직접 연결한 부정형A, 기하학적인 매스로 규정된 정형B, A↔B, 외부로 노출된 부정형의 기능 단위A' + 기하학적인 매스를 기둥으로 역전B', 내부로 숨겨진 부정형의 기능 단위A" + 기하학적 매스를 벽면으로 역전B" 등, 서로 대비되는 구성 형식이 조합되어 있다.

한편 18세기 신고전주의 건축가 윌리엄 체임버스William Chambers는 토스카나식 오더는 장려함이 필요 없으며 비교적 싼 값으로 만들어지는 것농가, 곡물 창고에, 도리아식 오더는 웅장한 성격을 기념하는 것개선문에, 콤포지트 오더는 우아함과 장려함이 함께 나타나야 하는 곳군인의 무공을 기리는 건물에, 코린트식 오더는 우아하고 장려한 건물궁정 장식, 오락 시설에 쓰여야 한다고 기술했다.

신고전주의에서는 성격character 이론을 통하여 건물의 목적이 형태로 어떻게 표현되는가 하는 논의를 활발하게 전개했다. 체임버스도 성격 이론에 바탕을 두고 오더를 설명했다. 이와 마찬가지로 근대건축도 '기계'의 의미를 유추하고 새로운 건축을 다시 만들어내고자 했다. 이러한 역사적 사실은 건축을 형태의 의미로 파악한 것이다.

단정한 콘크리트로 마감한 억제된 느낌의 주택을 지을 때는 테마 공원을 떠올리지 않는다. 테마 공원을 지을 때는 이국을 연상하게 만드는 요소를 빌려오자고 생각한다. 그러나 납골당을 설계하면서 이국적인 요소를 사용하겠다고 생각하지는 않는다. 죽은 자의 영혼을 위로하려면 묵묵히 아무 말도 하지 않는 콘크리트와 거친 돌로 마감된 형태가 더욱 낫다고 생각할 것이다. 이 모두가 형태의 통사적이고 계열적인 관계 그리고 거기서 나오는 의미에 관한 것이다. 오늘날의 건축설계와 직접 관련되는 것들이다.

표층구조와 심층구조

미국 미술가 재스퍼 존스Jasper Johns의 1954년 작 〈깃발Flag〉은 캔버스의 윤곽에 맞춰 성조기를 그려 넣었다. 별의 숫자나 줄의 폭은 고르지 않지만 성조기라는 이미 알고 있는 지식이 형태 전반에 앞선다. 1955년 작 〈네 얼굴이 있는 표적Target with Four Faces〉은 위에 네 명의 얼굴이 있고 그 아래 동심원이 색깔을 달리하여 그려져 있다. 동심원을 보고 금세 과녁임을 안다. 이 두 그림은 선의 간격이나 중심성 등의 통사적 관계에 의존하는 것이 아니라 대상의 의미나 지식에 의존한다.

　　미국 미술가 케네스 놀런드Kenneth Noland의 1964년 작 〈제17계단17th Stage〉에는 날카로운 대각선이 그려져 있다. 앞의 두 그림과 달리 이미 알고 있는 대상이 아니지만, 이는 지각적인 관계지 추상적 관계는 아니다. 이에 비하면 솔 르윗Sol LeWitt의 〈연작 Set BSerial Project Set B〉는 통사적이며 개념적이다. 이상의 분석은 건축가 피터 아이젠먼Peter Eisenman이 「개념적 건축 노트Notes on Conceptual Architecture」에서 비교한 예시를 간추려 적은 것이다. 오래되었지만 건축 형태를 공부할 때 꼭 읽어야 할 논문이다.

　　그는 언어학자 놈 촘스키Noam Chomsky의 변형생성문법變形生成文法에 따라 개념적 건축을 생각했다. 촘스키는 단어와 의미의 관계 등 말의 음성적, 물리적 측면을 언어 구조의 표층구조로 보았다. 그리고 단어의 관계성인 통사론을 심층구조로 보았다. 아이젠먼은 건축 형태에서 통사론과 의미론을 표층구조와 심층구조로 나누었다.[18] 통사론에 대해서는 쉽게 지각할 수 있는 지각적 표층구조와 개념적 심층구조가 있다. 의미론에서도 사실이나 현실의 이미지는 표층을 이루며 의미는 정신의 재구축 과정을 거쳐 심층구조를 형성한다고 보았다. 통사론-표층적, 통사론-심층적, 의미론-표층적, 의미론-심층적이라는 네 가지 관계가 생긴다.

'지각적 관계'란 모양, 색깔 등 보는 이의 개인적인 감각에 근거한다. 이 관계는 현실적이며 구체적이다. 그러나 '개념적 관계'는 보는 이가 아니라 대상 자체에 근거한다. 이 관계는 추상적이다. 건축 형태는 지각적 관계에서는 형상에 관련되고 개념적 관계에서는 구성에 관련된다. 이는 건축 형태를 둘러싼 지각과 개념, 의미와 통사의 차이를 이해하는 데 유익하다.

아이젠먼은 1970년대에 자신이 설계한 주택을 분석한 다이어그램으로 형태의 구조를 설명했다. 예를 들면 그의 주택 4호 다이어그램*에서 가장 위에 있는 것은 이 주택 형태에서 읽을 수 있는 잠재적인 격자 구조다. 두 번째 단은 잠재적인 면의 구조를, 세 번째 단과 네 번째 단은 잠재적인 볼륨의 구조를 나타낸다. 제일 밑의 다섯 번째는 이상의 것을 합성하여 만들어진 것이다.

아이젠먼의 다이어그램은 기호론과 언어론을 건축에 응용한 추상적 도형으로 보이며 낯설다. 과연 건축을 이러한 관계로 봐야 하는지 의문이 든다. 그럼에도 건축 형태가 기본적으로 어떤 자리에 있어야 하는지 인식한 점은 오늘날에도 주의 깊게 받아들여야 한다.

그의 구분대로 보면 애틋한 건설 동기로 많은 사람이 찾는 인도 타지마할Tāj Mahal의 형태는 지각적이지만, 자이푸르Jaipur에 있는 천문대 잔타르 만타르Jantar Mantar의 형태는 물체 고유의 관계로만 성립하므로 개념적이다. 한편 스카르파가 카스텔베키오 미술관을 위해 만든 한 전시 장치는 '중력을 잃은 기둥의 단편'을 연상하게 하므로 의미론적이지만, 이 단편을 주신의 '하반부를 이어 세웠다'는 점에서는 통사론적이다.

거대한 기선 모양을 한 동해안의 어떤 호텔은 배의 이미지를 직설적으로 형상화했다. 사람들은 본래 지닌 감각으로 그 의미를 연상하므로 '지각적-의미론적' 관계를 나타낸다. 그러나 지붕 위에 배를 얹은 한 레스토랑은 지붕에 좌초된 듯한 배가 바다 요릿집을 강조하고 있다는 점에서 '개념적-의미론적' 관계를 나타낸다. 사람이나 공기가 드나드는 문과 창의 의미를 야수의 입에 중복시킨 팔라체토 주카리Palazzetto Zuccari의 창과 문은 '지각적-의미론적' 관계를 나타내지만, 르 코르뷔지에의 슈보브 주택Villa Schwob 전면에 나타난 공백의 패널과 좌우 창들의 배열은 매너리즘 건축을 떠오르게 한다는 점에서 '개념적-의미론적' 관계다.

통도사 대웅전의 파사드는 정면을 말하는 부분과 측면을 말하는 부분이 겹쳐 있다. 유례없는 파격이다. 진입 축에서 볼 때 대웅전은 중심 건물로 보인다. 그러나 부처님의 사리를 모신 금강계단이라는 또 다른 중심이 그 옆에 있다. 그래서 대웅전은 진입축에 대해서는 정면으로, 금강계단에 대해서는 측면으로 나타난다. 축의 구성이라는 점에서는 개념적이면서 중심이라는 점에서는 의미론적이다.

한편 건축 형태의 다른 측면인 형태의 통사적 관계란 어떤 것일까? 아이젠먼에 따르면, 르 코르뷔지에의 가르슈 주택은 이탈리아 건축가 안드레아 팔라디오Andrea Palladio의 포스카리 주택Villa Foscari과 똑같은 ABABA의 리듬을 가지고 있지만, 이것은 르네상스의 '이상적'이라는 지각적 의미를 참조한 것이다.

그러나 이탈리아 건축가 주세페 테라니Giuseppe Terragni의 카사 델 파쇼Casa del Fascio는 이와 달리 르네상스 팔라초palazzo의 구성법만을 의식했다는 점에서 통사적이며 개념적이다. 따라서 아이젠먼은 코르뷔지에와 테라니가 형태를 만드는 방식이 통사적 측면으로 보면 같지만, 엄밀하게는 서로 차이가 있다고 보았다. 그래서 그는 테라니의 카사 줄리아니프리제리오Casa Giuliani-Frigerio의 형태를 벽과 기둥 등의 통사적 배열 관계만으로 해석하고, 자신의 건축 방식으로 삼았다.[19]

형태 분석

건축 형태는 만드는 것이다. 그러나 건축가에게 형태는 눈으로 보는 것을 넘어 '읽는 것'이기도 해야 한다. 건축물의 형태는 통사적 관계가 복잡하게 얽혀 있다. 건축가는 작게는 벽돌을 쌓는 방법부터 크게는 이미 만들어진 건물이 어떤 통사적 관계를 맺는지까지 읽을 수 있어야 한다. 이를 형태 분석formal analysis이라고 한다. 이를 보고 설계자와 무관한 후대에 어렵게 해석하는 것뿐이라고 지나쳐서는 안 된다.

건축에서 형태가 어떻게 모이고 관계 맺는지 알려면 건축가는 도면과 사진, 가능하다면 실제의 건물을 보고 읽어야 한다. '인문적 건축'이라는 말로 건축을 모든 사람들이 이해할 수 있도록 해주는 것은 좋지만 건물을 정확하게 살피지 않고 인상만 뭉뚱그리거나 철학과 미학적 언사로 미화하는 데서 만족하면 위험하다.

매너리즘 건축의 특징은 형태의 대비와 모호성이다. 여기에서는 매너리즘 건축의 대표 작품으로 꼽히는 이탈리아 건축가 발다사레 페루치Baldassare Peruzzi의 팔라초 마시모 알레 콜로네Palazzo Massimo alle Colonne˙를 예로 들어 형태의 대비가 어떻게 나타나는가를 구체적으로 살펴보겠다. 다음의 긴 설명은 도면과 사진을 차근차근 대조하면서 살펴보아야 한다. 그러면 다른 건축물의 형태나 공간을 어떻게 읽어야 하는지 이해하게 될 것이다.

이 건물은 부정형의 대지를 강조하기 위해 가로에 면한 파사드를 완만하게 굽혔다대지 형상과 건물 유형의 대립. 파사드는 모든 요소들이 중심축으로 좌우대칭을 이룬다. 그리고 이 중심축은 건물에 직교하는 도로와 안쪽의 중정을 잇는 통로와 일치한다. 한편 주랑현관柱廊玄關, 여러 기둥을 줄지어 세운 현관인 포르티코portico는 벽에서 분절되는 것이 보통인데, 이 건물에서는 여섯 개의 열주가 양쪽 벽면의 벽기둥과 같은 면에 놓여 있다. 이 기둥들은 긴 엔타블레이처를 함께 받치고 있다. 건물 하반부가 굽은 도로에 맞춰 연속하는 면을 만든다.

상부는 3층인데도 벽면에서 층을 구분하지 않았다. 가로로 긴 창에는 인방引枋이 없으며 따라서 수직적으로 분할한다는 느낌이 약하다. 그 결과, 건물 파사드는 크게 정면과 내외부 공간이 지닌 중심성, 그리고 도로에 대한 연속면이라는 두 가지의 관계로 정해졌다. 그러나 벽과 달리 1층 중앙에는 도리아식 주랑柱廊이 열려 있다주랑과 벽면의 대비.

그러나 1층 양쪽 벽기둥과 주랑의 원기둥의 리듬을 보면, 원기둥과 벽기둥은 동일한 한 쌍의 기둥 열을 만들어낸다. 주랑 좌우에는 각각 원기둥과 벽기둥으로 된 한 쌍의 기둥이 생긴다원기둥과 벽기둥의 대비. 그래서 주랑의 독립성은 갑자기 약해진다. 그리고 1층과 위층은 뚜렷하게 대립된다상층과 하층의 대비. 이것은 아랫부분이 견고하게 보이며 위층을 받쳐 주는 기존의 팔라초 건물과는 달리 안정감이 뒤바뀌어 있다기존 건물 유형과의 대비.

한편 실내에서 빠져나온 가죽 세공처럼 보이는 3층 창틀은 무거운 파사드에 대하여 이질적이다벽과 창틀의 대비. 이 곡선 장식의 열은 3층 구성의 파사드에 익숙한 우리 눈에 3층과 4층을 구별시켜주고 이 건물이 4층임을 강조하고 있다3부 구성과 대비.

이처럼 의도된 형태의 대비는 파사드에만 있는 것이 아니다. 도리아식 주랑 뒤에는 비트루비우스의 규범에 따라 이오니아식 입구가 설치된다두 입구의 형식 대비. 주랑의 중심을 지나는 통로는 복도를 거쳐 중정의 왼쪽을 지나간다중심과 주변의 대비. 중정에 면하는 벽면은 모두 달리 구성되어 있고, 외부에서 추측했던 것과는 달리 3층으로 되어 있다외부와 내부의 대비.

파사드는 도리아식 쌍기둥이었으나 중정의 1층은 도리아식 단기둥이며, 파사드에는 메토프metope와 트리글리프triglyph가 없으나 중정의 그것은 완전하다. 중정의 지주는 원통 볼트로 되어 있지만 파사드의 주랑은 수평 천장이다외부 파사드와 중정의 대비. 중정도 다양한 형태 관계를 이루고 있다. 중정의 1층의 볼트는 로지아loggia를 보다 공간적으로 보이게 하는 데 도움을 준다. 그러나 원기둥과 높이 차이가 많이 나므로 1층과 2층의 높이를 같게 보이려고 중정에 면한 볼트의 일부가 잘려져 있다. 그 결과, 1층과 2층 사이에는 개구부가 뚫린 작은 층이 생겨났고, 그 틈을 통해 안쪽 로지아로 빛이 들어오게 되었다. 이 때문에 볼트의 천장 격자는 이 개구부의 크기에 맞추어 분할되어 있다.

팔라초 마시모 알레 콜로네라는 한 매너리즘 건축의 외부 형태만 분석했는데도 형태 요소와 관계가 연쇄적으로 얽혀 복잡하고 교묘한 구성임을 알 수 있다.

유형과 유형학
유형과 변형

건축은 무언가의 형식에 구속되고 또 그 안에서 무언가를 창조하는 힘을 발견하는 작업이다. 이때 무언가의 형식 중 가장 많이 논의되는 것이 유형類型, type이다. 유형은 본래 그리스어 티포스typos에서 나왔다. 도장을 찍는다는 뜻으로, 시간이 흐르면서 형태의 특징을 기술하고 분류하는 방식으로 쓰였다. 유형은 꼭 건축의 형태가 아니더라도 일반적으로 인간의 지적 활동이라면 흔히 쓰이는 사고 체계 가운데 하나다.

유형은 일반적으로 변형變形, transformation과 관련지어 생각한다. 변형이란 사물을 조작하여 다른 모양을 만들지만 아무렇게나 바뀌는 것이 아니다. 무수한 물고기의 모양은 서로 다르지만 모양만 보아서는 어떤 것인지 알기 어려운 것이 많다. 물고기라는 유형이 있고 그 안에서 수많은 변형이 일어났기 때문이다. 우리가 어렸을 때부터 찍었던 일련의 사진도 유형과 변형의 한 가지 예다.

유형은 변화가 이루어지는 틀이고 변형에는 형태가 바뀌더라도 본래의 것과 공통되는 것이 계속 남아 있다. 컴퓨터 그래픽에서 화상畫像을 확대, 축소, 이동하는 것도 이와 같다.

어떤 형상을 만들 때도 프로토타입이 있어 그것을 여러모로 변형하고 집합하여 만든다. 기본 단위를 회전하거나 이동하거나 반사하면 대칭에 따른 다양한 패턴을 얻을 수 있다. 오스트리아 작곡가 알반 베르크Alban Berg의 바이올린 협주곡 악보를 보면 음렬音列을 역행시키기도 하고 회전시키기도 하면서 선율을 바꾸고 있다. 주제가 있으면 변주가 있는 것과 똑같다.

유형과 변형의 관계는 추상적인 이론상의 논의가 아니다. 또 급속한 정보화사회에 유형과 같은 한정된 형태가 무슨 효용이 있을까 의문을 가질 수 있다. 그러나 유형과 변형에 관한 논의는 도시와 건축 안에서 계속 일어나고 있는 현실에 깊이 관련 있음을 알아야 한다. 높은 곳에서 도시를 내려다보면 무수한 집들이 모여 있다. 형태가 만드는 풍경이다. 집들은 지붕과 벽, 재료와 색깔이 비슷비슷해 보인다. 그러나 집들의 형태는 일정한 형식 안에서 무수하게 다른 모습을 하고 있다.

고전건축의 기둥은 나무에서 시작하여 점차 인체를 모방하게 되었다는 설명이 있다. 독일 건축가 오스발트 마티아스 웅어스 Oswald Mathias Ungers는 이 가설을 몇 단계의 사진으로 정리했다.[20]

먼저 나무의 그루터기가 있다. 원기둥은 이 자연의 산물에서 시작한다. → 중간 단계에서 나무의 그루터기를 모방한다. 점차 발전하여 원기둥이 되는 단계는 예술적 단계다. → 새라도 얹어 장식이 부가되면 무언가를 상징하는 기둥으로 바뀐다. → 이런 원기둥이 다른 건축 요소에 통합되면 구축적 단계가 되고 → 원기둥 대신에 인체를 대입하면 인간화 단계가 된다.

기둥은 자연에서 예술로, 그리고 다시 형이상학적인 단계를 거쳐 사람으로 변형된다. 물론 설명이 논리적이지는 않지만, 예술과 형이상학적인 형태란 결국 자연에서 시작했음을 말하고 있다.

도시 안에 지어진 수많은 건축물은 제각기 다른 형태를 취하는 듯해도 안을 들여다보면 여러 가지 유형의 계속적인 변형임을 알 수 있다. 도시가 아주 느리게 바뀌어서 우리는 변형 과정을 거의 인지하지 못할 뿐이다.

건축물은 전시장에 차려진 예술 작품이 아니다. 예술 작품은 하나하나가 독특한 무엇을 표현하지만, 그런 눈으로 건축물을 바라보면 안 된다. 만일 도시의 건축물을 빽빽하게 집합한 예술 작품처럼 배치한다면 그야말로 혼돈 자체일 것이다. 오히려 엇비슷한 도시 건축물이 혼돈을 막는다. 이는 밀도가 떨어지는 농촌에서도 마찬가지다. 도시형 한옥이 우리에게 소중한 것은 일정한 주거 유형으로 필지와 도로에 고유의 규칙으로 자리하기 때문이다. 따라서 특이한 형태의 건축물을 요구할 것이 아니라, 유형과 변형의 관계로 도시의 건축물을 짓고 바라보는 것이 중요하다.

앞에서 공통 형식이 변화하는 예로 든 디오클레티아누스 궁전이 시간을 거듭하면서 바뀌어가는 일련의 모습은 건축과 도시 형태에서 유형과 변형의 관계를 잘 나타낸다. 건축에서 자연은 '변환과 성장'을 의미한다. 자연이란 끊임없이 변환하고 성장하는 과정이기 때문이다. 그만큼 건축은 공통의 형태와 형식을 가지고 있으며, 또 변형된다.

유형에 대한 사고는 건축가 개인의 창작 태도와 깊은 관계가 있다. 건축사에서 바실리카basilica 평면과 중심형 평면의 성당이 계속해서 나타났다. 건축 평면의 형태를 유형으로 여겼기 때문이다. 바르셀로나에 있는 가우디의 사그라다 파밀리아Sagrada Família도 일정한 유형의 틀 안에서 만들어졌다. 전임 건축가가 지은 라틴 십자형 평면의 네오 고딕 성당이 있었으나 가우디가 새로 제시한 안은 전임 건축가가 계획한 크기와는 비교가 안 될 정도로 커졌다. 그러나 바실리카 평면의 유형은 지속되어 있다.

독일 미술사학자 루돌프 비트코버Rudolf Wittkower가 분석한 안드레아 팔라디오의 여러 빌라는 유명하고 오래된 예지만, 9분할 평면 도형을 기본형으로 설정한 뒤 그것을 변형하는 것을 건축가 자신이 전개해야 할 과제로 삼았음을 증명한 것이다.

건축이론가 콜린 로Colin Rowe는 이에 대해 팔라디오의 포스카리 주택 평면과 르 코르뷔지에의 가르슈 주택 평면이 유형과 변형의 관계에 있음을 분석했다. 이를테면 이 두 주택은 각각 가로는 2:1:2:1:2 세로는 3분할되어 있음에도 각각 구심:원심, 대지의 밀착:대지로부터의 해방 등 전혀 다른 형태를 보인다. 이 9분할 평면 도형은 팔라디오 이후 많은 사람들이 사용했다.

여러 건물 유형에서 나타나는 공통적인 특성은 공통의 형태와 함께한다고 앞서 언급했다. 이런 특성을 건축에서 유형이라고 한다. 대학의 공간도 마찬가지다. 대학이 최초로 나타난 11세기 이래로 대학 건물의 배치 형태가 다양하게 전개되었으나 나라나 시대의 차이를 넘어서 공통적으로 반복되는 공간의 형식과 유형이 존재한다. 하나는 옥스퍼드대학교나 케임브리지대학교에서 보이는 쿼드앵글quadrangle, 사각형 중정을 갖는 유형이며, 다른 하나는 미국의 대학교에서 보이는 나무가 많고 넓은 대지에 자리한 캠퍼스campus 유형이다.

쿼드앵글은 줄여서 쿼드quad라고 하는데, 보통 사각형 중정을 두고 네 번에 완전히 또는 부분적으로 접하는 큰 건물을 둔다. 쿼드는 궁전에도 사용되지만 대학 건축의 유형으로 사용되어서 대학 공간을 뜻한다. 북유럽에서는 독립된 건물이 중정을 두르고 남유럽에서는 중정에 회랑을 둔다. 반면에 캠퍼스 유형은 대학의 건물이 놓이는 땅을 뜻한다. 캠퍼스는 지금의 프린스턴대학교의 전신이었던 대학에서 사용하기 시작한 용어로, '벌판field'이라는 의미의 라틴어 '캄푸스campus'에서 나왔다. 열린 공간을 가진 미국 대학의 공간 유형이다.

알도 로시와 라파엘 모네오의 유형

일반적으로 도시 건축이라고 하면 도시환경을 위해 만든 특히 규모가 큰 건물을 말한다. 그런데 이탈리아 건축가 알도 로시Aldo Rossi는 저서 『도시의 건축L'Architettura della Città』[21]에서 도시를 하나의 건축과 같은 것, 시간이 걸려서 완성되는 예술 작품이며, 건축의 형태로 이해했다. 그는 사회나 경제 또는 기능이라는 측면에서 도시를 바라보지 않는다.

'도시의 건축'은 도시와 건축 양쪽을 다 포함한 말이다. 건축의 이치로 도시가 만들어지지 않고 도시의 이치로 건축이 만들어지지 않는다는 뜻이다. 그래서 건축과 도시 사이를 잇는 것은 '도시 인공물urban artifact, fatti urbani', 즉 도시적 사실이라고 불렀다.

그런데 이 형태는 눈에 보이지 않는다. 도시 형태는 과거에서부터 우리가 사는 오늘을 거쳐서 만들어진 의미의 형태, 곧 긴 시간이 개입된 형태다. 도시는 수많은 사람들의 삶이 의식과 무의식, 그리고 의도와 예기치 못한 사건 등으로 영위되는 곳이다. 로시는 이러한 도시를 분석하기 위해서 '유형'이라는 개념을 사용했다. '유형'은 구체적인 형태가 아니다. 형태에 앞서서 무언가의 규범으로 작용하는 관념이며, 어떤 공통성 밑에서 발전하고 파생한 형태를 따른다. 로시는 "유형을 기반으로 하여 형태가 도시의 부분에 참가한다."라고 말했다.

스페인 건축가 라파엘 모네오Rafael Moneo도 유형에 대해 이렇게 말했다. "건축의 유형이란 같은 형태 구조를 갖는 일군의 대상을 말하며, 공간 다이어그램도 일련의 리스트에 있는 것을 평균한 것도 아니다. 일종의 내재적인 구조의 유사성이다. …… 건축의 세계는 유형으로 기술될 뿐만 아니라 그것을 통해서 생산된다. …… 건축가는 유형을 통해서 건축을 알고 건축에 붙잡히며 건축에서 출발한다. 유형을 변형하고 파괴하며 작품을 만든다. …… 그렇기 때문에 유형은 변화가 그 폭 안에서 조작되는 틀이라고 볼 수 있다. …… 고정적인 기계론이 아니라 과거를 거부하고 미래를 보는 방법이다."[22]

모네오가 설계한 로스앤젤레스의 천사들의 모후 대성당 Cathedral of Our Lady of the Angels과 스페인 메리다Mérida의 국립로마예술박물관Museo Nacional de Arte Romano 등은 모두 건축 형태를 유형으로 해석했다. 국립로마예술박물관에는 외부의 버트레스buttress만이 아니라 세비야나 바르셀로나에서 많이 보이는 베이의 크기가 명확한 고딕의 수직적 질서도 있다. 또한 이 구조적 질서를 관통하면서 중심을 향해 진행하는 로마 바실리카 유형, 그리고 다른 구조물을 가로지르면 콘크리트 다리라고 하는 세 개의 구조적 유형이 겹쳐 있다.[23] 그러나 이것은 건물 내부만이 아니라 도시에서 보이는 방식에도 적용되어 있다.

모네오는 이렇게 건축에서 형태 유형을 강조했다. 근대건축의 개방된 평면은 차이를 분절하지 못하고 거짓된 자유의 느낌을 주며 건물이 사람의 행위를 중개하지 못하므로, 공간 안에서 사

람들이 차이를 받아들이고 다양성을 가지려면 건축 형태의 내적
인 구조가 있어야 한다고 보기 때문이었다. 그의 작품을 통해 형
태의 일관성, 조밀함, 공간을 한정하는 정도가 나타난다는 점은
유형이 오늘에도 여전히 유익함을 말해준다.

유형학

유형은 건축가에게는 형태를 조직하는 원리이며, 사회 구성원에
게는 도시 공간과 형태를 읽기 위한 틀이 된다. 곧 유형은 전체로
는 형태학morphology에 속하고 부분으로는 유형학類型學, typology과
관련이 있다. 유형학은 사물을 여러 형型으로 분류하고 그것이 만
들어내는 전체의 체계를 논리적으로 세우는 것이다.

　　건축에서 이 말은 훨씬 한정된 의미에서 주목받았다. 프랑
스 건축가 장 니콜라 루이 뒤랑Jean Nicolas Louis Durand이 『건축강의
개요Précis des leçons d'architecture données à l'École royale polytechnique』[24]에서
건축물의 유형을 형태로 분류한 것처럼, 건축물을 유형으로 생각
한 것은 18세기에 이미 나타났다. 건물 유형building type도 가장 대
표적인 건축 유형학의 하나다.

　　도시는 오랜 시간에 걸쳐서 서로 영향을 주고받으며 정착된
건축물을 누적해간다. 이렇게 볼 때 도시의 건축은 유형을 기반
으로 설계가 어떻게 전개되는지를 가장 잘 의식한 것이다. 도시란
무엇인가를 생각하면, 도시 전체가 어떻게 성립하였으며 주택은
도시를 어떻게 구성하고 있는가에 주목하게 된다. 도시 전체의 구
성은 도시 조직으로, 그것을 구성하는 단위인 주택 등 건축물의
구조는 건축 유형으로 이해하게 된다.

　　이탈리아에서는 1960년대 무라토리Muratori 학파가 역사적
인 건축물을 연구하는 방법인 건축 유형학tipologia edilizia을 만들었
고, 이 방식은 1970년대에 문화재 보존을 포함한 도시계획에 응
용되었다. 이 방식은 볼로냐를 필두로 유럽의 다른 도시에도 영향
을 미쳤다. 카를로 아이모니노Carlo Aymonino, 알도 로시 등 합리주
의자에게도 영향을 주었다.

이탈리아 건축가나 학자가 말하는 '티폴로지아Tipología'는 주택 건축 특히 도시적인 밀집 주택군에 중점을 두고 상세히 분석하는 점이 특징이다. 여기서 도시 주택 건축은 평면의 정면이 좁고 깊이가 깊은 스키에라schiera 모양, 중정을 가진 코르테corte 모양으로 나뉘며 각 모양이 다시 분류된다. 기본 단위인 거실이 논리적으로 조합되어 주택이 되며, 주택이 집합하여 지구를 형성하고, 공공건축 등 특수 건축물과 조합하여 도시의 전체상을 만드는 문제를 다룬다. 유형학은 건축물의 유형 분석에서 도시 성립을 해명하는 데 이르기까지 범위가 넓다.

룩셈부르크의 합리주의 건축가 롭 크리에Rob Krier는 이와는 달리 광장 공간, 가로 공간 등 도시의 외부 공간을 파악하기 위한 또 다른 유형학을 내놓았다.[25] 건축물이 집합하여 도시를 이룬다는 관점은 이탈리아의 티폴로지아와 같지만, 도시 공간을 구성하는 집합 논리는 약하다.

불특정 다수의 유형학

제1차 세계대전 이후 1920년대 유럽에서는 주택난이 더욱 심각해져 신속하게 대량으로 주택을 공급해야 했다. 그 결과 행정이 건설에 관여하여 주택을 공급하는 '소셜 하우징social housing'이 중요해졌다. 예전에는 특정 건축주가 요청하는 바에 따라 건축가가 설계하면 되었다. 그러나 소셜 하우징은 불특정 다수인 제3자가 어떤 요구를 할지 모른 채 가정하며 계획해야 했다.

그렇기에 많은 사람에게 해당될 객관적이며 합리적인 설계 방법을 새로 세워야 했다. 특정한 계층이 아니라 최대 다수에게 최대 행복을 주기 위하여, 최소한의 비용으로 최대의 효과를 올리기 위하여, 평등한 생활환경을 구현하기 위한 계획과 방법이 마련되어야 했다.

이런 조건에서는 단위가 반복된다. 어떤 동이 다른 동과 다르지 않아야 하므로 동일한 조건을 만족하는 부분이 반복된다. 집합 주거에서 불특정 다수가 평등해지는 가장 효과적인 방법은 일정한 인동간격鄰棟間隔을 바탕으로 평행하게 배치하는 것이다. 전통적으로 즐겨 사용된 중정형 배치 형식으로는 불특정 다수의 평등을 실현할 수 없었다. 대량으로 주택을 공급하되 거주자들이 평등한 환경에서 생활할 수 있도록 합리적인 방법으로 고안된 것이 같은 부분의 평행 반복이었다.

우리는 이런 아파트를 군대 병영兵營과 같은 배치라고 비난하지만, 실제로 로마제국은 병영을 설치할 때 이렇게 했다. 같은 단위를 반복하면 만들기도 쉽고 통제도 쉬우며 면적을 균등하게 배분하기 때문이었다. 로마제국은 식민지도 단위를 반복한 격자형 도시로 만들었는데, 이러한 평행 배치가 근대에 들어와서도 제안된 것이다.

유형이라는 말이 가장 자연스럽게 쓰이는 경우는 주택 유형, 아파트 평면 유형이라 할 때다. 단지를 이루는 판상형이나 탑상형도 오랜 시간에 걸쳐 나온 주동 유형이다. 특히 집합 주택에 유형이라는 용어가 많이 쓰이는 이유는 효율성과 정형성 때문이었다. 유형은 시간이 지나면서 조금씩 달라졌지만, 동일한 면적에 유사한 평면이 공급되었다. 불특정한 거주자, 높은 적층 구조와 이동 동선이 제약 조건인 주택의 특성상 유형은 필연적이다.

아파트 분양 광고에서도 유형이라는 용어를 많이 사용한다. '수요자 요구를 만족하는 유연한 주거 유형 개발' '지속 가능한 주거 유형 제시' '단위 세대 조합 방식 및 가로 성격에 따라 오십 개의 다양한 타입의 주거 형태' '평형대별 라이프 스타일에 따라 구별되는 다섯 가지 주거 유형' '개성 있는 단위 세대 타입 개발' 등이다. 또 자녀 중심형, 가족 중심형, 홈오피스형 타입이라고 단위 평면 종류를 유형으로 부른다. '7단계 평형대'도 평면 유형을 달리 부르는 말이며, 59제곱미터와 84제곱미터를 59타입과 84타입이라고 부른다.

아파트 설계에서 유형, 타입, 형이라는 말을 이렇게 빈번하게 사용하고 그 안에서 다양한 변형을 찾으려 하면서도, 유형을 건축가인 자신과 무관하다고 생각하는 것은 잘못이다. 아파트 설계를 많이 하는 건축가와 설계자는 이미 유형학을 실천하고 있다.

따라서 불특정 다수를 위한 당시의 반복적인 주택 생산 자체를 비난할 일이 아니다. 그 시기에 절실하게 필요했던, 그리고 현대도시의 주거 수요를 해결하고자 한 현실적인 노력을 평가해야 한다. 다만 불특정 다수를 위한 근본적인 설계 방법을 찾지 못하는 오늘날의 건축설계 방법을 반성해야 할 것이다.

건축 형태의 생성

건축 형태의 구조
공통의 형식과 생성

어떤 프로젝트가 시작된 뒤 여러 조건이 부가되어 변하는 과정도 이와 다르지 않다. 기능과 세워진 곳이 전혀 다른데도 건축가의 작품에는 형태의 일관성이 있다. 건축가는 건물 유형이 무엇이든 모두에게 통하는 형태를 발견하고 생성하고 사용할 수 있다. 그렇다고 아무도 건축가가 기능과 프로그램을 무시했다고 생각하지 않는다. 건축가마다 형태에 대한 자세나 수법, 외관과 구성의 형식, 디테일이 다르다. 교회라도 프랭크 로이드 라이트Frank Lloyd Wright의 유니티 템플Unity Temple이 다르고 루이스 칸Louis Kahn의 퍼스트 유니테리언 교회First Unitarian Church가 다르다. 그럼에도 건축가는 제각기 스케치에서 디테일에 이르기까지 자신만의 어떤 공통 형식을 가지고 있다.

1939년 런던에서 열렸던 〈런던 데일리 메일 아이디얼 홈 전시회House of the Future for the Daily Mail Ideal Home Exhibition〉을 위해 르 코르뷔지에가 설계한 파빌리온°을 보자. 파빌리온에는 프레임이 있고 그 안에 해, 구름, 눈과 같은 볼륨이 독립해 있다. 그 밑에는 경사로가 있고 나무 한 그루가 독립해 있다.

1951년부터 1954년에 걸쳐 인도 아마다바드Ahmadabad에 지은 섬유직물업협회Mill Owners' Association Building는 시기적으로도 차이가 있고 기능적 요구가 전혀 다른데도 〈런던 데일리 메일 아이디얼 홈 전시회〉와 같이 프레임 속에 독립한 볼륨을 층마다 따로 놓았다. 경사로로 진입하는 것도 같다. 그가 설계한 주택들도 마찬가지다. 나란한 두 장의 벽에서 시작한 평면과 정사각형 주택 평면은 후기에 이르기까지 지속된다. 한 사람의 건축가가 설계한 건축물 안에서도 형태는 공통의 통사적 관계로 나타난다.

형태에 대한 이런 관점은 건축사에서 얼마든지 발견된다. 다빈치는 노트에 일련의 스케치를 그려 르네상스의 중심형 교회가 어떤 논리적인 관계로 성립하는가를 보여주고 있다. 어느 스케치가 먼저 그려졌는가는 중요하지 않다. 주공간과 부공간이 규칙적인 리듬으로 배열된 공통의 통사적 관계를 인지하는 것이 더 중요하다. 루이스 칸이 그린 일련의 방글라데시 국회의사당Parliament House of Bangladesh 스케치도 마찬가지다.

한 건축가가 어떤 건물을 설계할 때도 통사적 관계가 얽혀 있지만, 여러 건축가가 어떤 건물의 안을 내는 경우에도 부분이 어떤 관계로 해석되었는가를 읽어낼 수 있다. 성 베드로 대성전Basilica Sancti Petri을 위해 여러 건축가가 제출한 중심형 안을 보면 형태를 구성하는 부분의 역할에 많은 차이가 있음을 알 수 있다. 먼저 발다사레 페루치의 안은 네 개의 모퉁이 탑과 탑에 이어진 작은 십자형 등이 이웃하는 요소에 대해 중심을 이룬다. 그러나 탑과 십자형 등은 다른 부분보다 우월하지 않고, 커다란 십자형 중심도 주공간이라기보다 통로 성격이 더 강하다. 중심형이 대등한 부분으로 구성되어 있다.

그러나 도나토 브라만테Donato Bramante의 안을 보면 중앙의 커다란 십자형이 지배적이지만, 중앙 십자가형에 부속된 작은 십자형은 페루치의 안보다 약한 채로 중심성을 그대로 유지하고 있다. 주변에 설계된 열두 개의 입구도 작은 십자형의 중심성을 더욱 강조하고 있다.

이에 비해 미켈란젤로 부오나로티Michelangelo Buonarroti의 안은 중심 공간이 지배적이며 주변 공간은 이에 흡수되어 통로의 일부가 되어 있다. 입구는 하나인데, 회랑인 콜로네이드colonnade와 계단으로 확장되어서 하나의 대칭축을 강조하고 있다.

건축가는 건물을 만들기 위해 수많은 그림을 그린다. 건축 형태를 다루는 것은 비례와 같은 법칙을 말하는 것이 아니다. 건축설계라는 과정을 통해 건축가가 도면 위에 그려내는 모든 스케치가 바로 '형태'다. 작은 그림이라도 그 속에는 더 큰 전체에 대한 관계가 들어 있다.

탈리에신Taliesin 공방에서 한 제자가 프랭크 로이드 라이트에게 이렇게 물었다. "선생님께서는 어떻게 그렇게 빨리 도면을 그릴 수 있으신가요?" 그의 대답은 이랬다. "자네들처럼 생각하면서 그리지 않기 때문이라네. 어떨 때는 전체의 형태에서 디테일에 이르기까지 모든 것이 내게는 동시에 보이지. 그것을 단숨에 그리고 있을 뿐이라네."

건축가는 자신의 고유한 생각을 형태로 표현한다. 예를 들어 13세기 고딕 건축가 빌라르 드 오느클Villard de Honnecourt이 랭스 대성당Notre-Dame de Reims을 그린 유명한 스케치에는 공간의 깊이 없이 피막으로 이루어진 고딕 성당의 벽면이 가는 선으로 묘사되어 있다. 그는 이렇게 말했다. "랭스 대성당 경당의 입면과 2층의 형태로 마무리된 내부가 지금처럼 보이는 모습을 보라." 그러나 미스 반 데어 로에의 후베 주택Hubbe House 스케치는 투명한 면을 통해 겹쳐 보이는 면들이 만드는 유동하는 공간을 그리고 있다.

건축가는 형태로 주어진 조건을 해석하고, 형태로 조건을 조정해나간다. 이때 형태는 공간을 나타내고 기능을 해결하며 대지의 조건과 충돌하는 갈등을 해결하기도 하고, 때로는 형태만의 논리를 전개하기도 한다. 건축은 이렇게 형태의 관계가 겹치고 얽힘으로써 생성된다.

카를로 스카르파는 다음과 같이 말했다. "나는 실체를 보기 원한다. 그 밖의 것은 신뢰하지 않는다. 나는 내 앞에 있는 실체를 종이 위에 둠으로써 그것들을 본다. 나는 보고 싶어 하는 것을 그리고, 내가 그린 것에 한해서만 이미지를 볼 수 있다."[26]

건축설계란 결코 단숨에 이루어지지 않는다. 그것은 서로 다른 단계에서 성립한 여러 형태를 보다 큰 전체로 통합해가는 과정이다. 설계는 형태 요소를 변형해가는 과정이며, 형태를 통해서 가능한 여러 조건을 통제하고 통합한다.

따라서 일단 결정된 형태는 고정되지 않는다. 결정된 형태는 잠시 지속되지만, 기능과 구조의 영향을 받아 변형되고 다른 형태로 진전된다. 이것이 건축 형태의 생성이다.

형태의 구조

이처럼 건축 형태의 관계는 부분이 지닌 특징에 따라서도 다르고, 주목하는 부분에 따라서도 달라진다. 건축물이 여러 형태를 통합한 관계의 전체라고 할 때 우리는 하나의 다양한 커다란 전체, 곧 '구조構造'를 생각할 수 있다. 미술사가 한스 제들마이어Hans Sedlmayr는 작품을 형성하는 형태의 구조에 대해 이렇게 말한다. "작품을 이루는 각각의 '부분'과 '층'과 '특징'은 서로 침투하는 관계로만 성립하지 않는다. 그것은 …… 일정한 서열 관계로 성립하며, 구조의 개념으로 파악하는 조직 원리의 지배를 받는다."[27]

건축 형태의 관계란 구체적인 작품 속에서 어떻게 복합적으로 얽혀 있을까? 기원전 130-140년경 지어진 페르가몬Pergamon의 아스클레피오스 성소Sanctuary of Asklepios와 루이스 칸의 소크생물학연구소Salk Institute for Biological Studies 집회동 계획을 예로 들어 자세히 살펴보자. →는 확대, ↔는 대립, ≒는 축약, \는 대각선을 의미한다. 두 건물 모두 평면 한쪽에 독립된 건물이 군을 이루고, 다른 한쪽에는 원형극장이 있다는 형태상의 공통된 특징이 있다. 그러나 칸이 페르가몬 건물의 영향을 받았다는 증거는 전혀 없다.

아스클레피오스 성소*의 동쪽 변에는 네 개의 건물이 놓여 있다. 먼저 건물 하나하나의 구성에 주목해보자. 동쪽 건물 중 두 개는 정방형이고, 다른 두 개는 원형 건물이다. 가운데의 두 건물은 중심형에 포치를 두어 장축형을 이루고 있다. 그러나 그중에서 북쪽에 놓인 평탄한 사각의 도서관A은 회랑에 연접해 있고, 입구도 강조되어 있지 않아서 형태의 독립성이 적다. 두 번째 건물 베스티뷸vestibule, B 앞에는 사주식四柱式의 관문 프로필론propylon이 붙어 있어서 장축성長軸性이 강조되며, 그 관문은 프로필론 안쪽으로도 확장해 있어서 내부와 외부 공간이 교차된다. 세 번째 건물 신전C은 베스티뷸과 같은 구성이지만, 원형 평면의 대각선상에 원형 제단apse을 두어 방사성이 강하다. 마지막으로 남쪽의 로툰다 rotunda, D는 개방된 원형의 중심 주위에 큰 원형 제단을 두었으며, 대각선상 지하 통로가 길게 성소 안쪽을 향하고 있다.

그렇지만 건물들의 관계는 건물 하나만 주목했을 때의 관계와 다르다. 네 개의 건물은 차례대로 사각형에서 원으로 바뀌고 있다. 형태의 독립성도 점점 강해지며 축성軸性도 더욱 강해지고 있다A→B→C→D. 베스티뷸은 도서관보다 큰 사각형이며A→B, 로툰다는 신전보다 큰 원형이다C→D. 또한 이 네 건물은 차례대로 사각형의 내부→사각형의 외부→원형의 내부→원형의 외부로 되어 있어서, 사각형과 원형에 대하여 각각 내부와 외부가 짝을 이루며 나타난다A→B:C→D.

그렇지만 이 건물의 전체 형태는 성소를 둘러싸는 회랑의 한 면이다. 즉 네 개의 건물들은 럭비선수가 뭉쳐 스크럼scrum을 짜듯이 서로 이어져서 커다란 사각형의 한 변을 이룬다. 또한 중정 안쪽에서 보면, 베스티뷸B과 신전 앞 문랑門廊인 프로나오스 pronaos, C가 좌우 대칭으로 놓여서 중정의 중심축을 이루지만B↔C, 이를 위해 남쪽 로툰다D는 소극적인 도서관의 입구A에 대응하도록 회랑 안쪽에 숨어 있다A↔D, A↔B=C↔D. 그러나 북쪽의 원형극장에서 이 로툰다는 대각선상의 통로로 균형을 이루기도 한다.

소크생물학연구소 집회동*은 "평면은 방들의 사회"라는 루이스 칸의 정의를 가장 잘 보여주는 예다. 전체적으로 한가운데의 홀을 독자적인 방들이 에워싸는 중심형이지만, 자세히 살펴보면 방들이 홀을 에워싸는 관계가 제각기 다르고, 또 그렇게 해서 만들어진 부분이 전체에 대해 갖는 관계도 다르다.

북동쪽의 체육관A은 아스클레피오스 성소의 로툰다가 중정에 붙은 방식과 비슷하게 '이름이 붙어 있지 않은 방'인 중앙 홀H에 직면해 있다. 북서쪽 식당B에는 독립된 형태의 강의실들C이 대각선으로 붙어 있다. 이는 전체 형태의 일부를 축약한 것으로B-C≒H-A.B.E, 분화된 강의실군은 분화되지 않은 중앙 홀과 대비를 이룬다C↔H. 서쪽 독서실D은 강의실의 형태와는 반대로 사각형을 원형이 감싸고 있다C↔D. 이 두 독서실은 아스클레피오스 성소의 로툰다 신전이 중정과 마주하고 있듯이 도서실E 정면과 마주하고 있다. 이는 모퉁이로 이어지는 식당과 강의실의 연결과 대비된다D-E↔B-C. 또 직사각형의 도서실 형태는 분화된 독서실과 분화되지 않은 중앙 홀 사이를 완충해준다D↔E↔H. 분화되지 않은 도서실은 중앙 홀을 사이에 두고 분화된 동쪽 객실F과 대비되며E↔F, 남동쪽의 정사각형G은 체육관A과 대각선으로 균형을 이룬다G\A. 그 결과, 사무동I과 객실F은 식당-강의실B-C과 대각선으로 대립적인 도형을 이룬다B-C\↔\I-F.

부분이 모여 전체를 이룬다는 건축 형태의 기본에는 변함없지만, 부분이 모여 전체를 이루는 방식은 시대에 따라, 건축가에 따라 다르다. 그리스 건축에서 요소는 제각기 분명한 윤곽을 가지고 서로 침투하지 않은 채 완결된 형태를 지닌다. 그렇게 되면 형태는 자립적인 의미를 갖는다.

주두가 떨어져서 다른 장소에 놓여도 주두의 형상과 의미는 그대로 전달된다. 그러나 이집트 건축은 부분과 전체가 명확하게 구분되지 않고 부분이 끝없이 반복됨으로써 전체를 이룬다. 그런가 하면 카를로 스카르파의 퀘리니 스탐팔리아 재단Fondazione Querini Stampalia의 중정 한 부분은 전체와 무관하게 이탈한 것처럼 보인다. 그러나 모든 부분은 섬세한 격자와 모듈 밖을 벗어나 있지 않으며, 바닥에서 떠 있는 면들도 미세한 높이의 차이가 있다. 면들의 모퉁이는 절단되거나 다른 재료로 보충되어 있지만, 이것들은 윤곽을 두른 돌판과 함께 또 다른 전체를 이룬다. 이와 같이 부분이 모여 전체를 이루는 방식을 세심하게 살피는 일은 건축설계를 공부하는 데 매우 중요하다.

유형의 형태 생성

라 로슈잔네레 주택

형태의 의미를 구체적으로 이해하기 위해, 르 코르뷔지에의 라 로슈잔네레 주택과 롱샹 성당의 설계 과정을 통해 기능과 형태의 복합적인 변형과, 유형과 기억 속의 형태가 통합되는 과정을 살펴보자. 형태의 주요 개념을 요약해 함께 쓰겠다.

라 로슈잔네레 주택은 모두 다섯 차례 변형된 다음 완성되었다. 일반적으로 이 주택은 기능을 자유로이 배열한 결과로 보기 쉽지만, 이 주택은 형태의 관계가 계속 수정되는 과정에서 완성된 것이다. 평면의 변화만을 간략하게 다뤄보자.

첫 번째 계획 15108˚은 골목 좌우의 긴 대지 전체를 대상으로 한다. 처음에는 세 그루의 나무를 피해 같은 크기의 주거 블록기하학적 형태을 앉혔다기존 환경조건. 이어서 이 블록을 이어 전체를 만들고형태의 전체성, 서쪽 나무들을 의식하며 블록의 일부를 잘라 형태를 변화시켰다. 골목이 끝나는 부분은 정사각형으로 넓혔다선택된 도형. 이렇게 만들어진 형태는 마지막까지 유지된다. 계획 15100에서는 각 주택의 주차가 고려되어 있으며동선, 각 단위는 대칭을 이룬다형태의 원리. 골목에서 마주 보이는 부분의 밑은 주차를 위해 열어 두고초점의 강조, 공간의 개방, 골목 끝부분의 좌우를 대칭으로 맞추었다형태의 원리.

1923년 5월에는 동쪽의 필지가 늘어났고대지 조건, 설계는 네 가구를 위한 주택으로 진행되었다. 골목에 면한 오른쪽 집은 알베르 잔네레Albert Jeanneret 주택이고 왼쪽은 모트Motte 주택이다. 동쪽의 네 번째 가구미정도 나무를 가운데 두고 대칭형을 이루고 있다. 골목 끝집인 마르셀 주택은 이전보다 서쪽 변에 여유를 남긴 채 골목 쪽으로 내려와 있다초점의 강조. 최종안을 연상하는 곡면은 아니지만, 볼륨이 골목의 대칭축초점의 강조, 형태의 원리을 강조하도록 배열되었다.

계획 15112˚는 네 가구를 위한 두 번째 계획이다. 이 단계에서는 건축주들이 바뀌면서 주택의 위치에 변화가 있었다. 여기서 골목 끝집이 라 로슈 주택이 된다. 이 단계에서는 서쪽 두 주택의 형태가 이전과 같지만, 크게 다른 점은 라 로슈 주택에 '곡면의 볼륨'이 나타나고형태 요소의 도입, 이 볼륨으로 골목의 대칭축을 강조하려 한 것이다초점의 강조. 그 결과, 건축주가 정해져 있지 않던 ㄷ자 집은 골목 쪽으로 열리며, 곡면의 볼륨 주변 공간을 확장하고 있다초점 공간의 확장. 그리고 곡면의 볼륨 위에는 곡선 계단수직 동선이 그려져 있다.

그 이후 건축주가 라 로슈와 잔네레로 확정되면서 평면의 형태는 상세해진다계획 15254. 입구는 남서쪽 모퉁이에 나 있으며, 여기에서 커다란 경사로운동, 형태의 지각를 통해 2층으로 직접 오르게 되어 있다. 이 계획에는 최종안의 2층 경사로를 연상시키는 곡면 복도가 일부 그려져 있다. 이 단계에서는 이제까지와 다른 두 가지 커다란 형태상의 변화를 일으킨다계획 15291.

하나는 막다른 골목을 에워싸던 이전의 ㄷ자 형태를 포기하고, 가운데 있던 '곡면의 볼륨'을 남쪽 날개 전체의 형태로 부각시키는 것이다형태 요소의 반복. 때문에 확대된 곡면의 볼륨 안 평면은 이전의 것을 그대로 따르고 있다.

다른 하나는 구석에 몰려 있던 입구를 이웃하는 베이로 옮기고, 차고와 그것에 붙어 있던 방을 오른쪽으로 이동시킨 것이다. 그 결과, 1층에는 많은 면적이 남게 되었다자유로운 형태 요소가 도입될 가능성. 계획 15291의 입구 쪽 부분이 계단을 제외하고 용도가 애매한 것은 이 때문이다.

2층계획 15276에서는 갤러리와 거실을 잇는 브리지와 오프닝이 생겼고, 이전에 나타났던 경사로는 오프닝을 마주한 계단으로 바뀌었다형태의 생성. 그리고 곡면을 따라 올라가는 경사로가 나타나기 시작했다운동, 형태의 지각. 계획 15205-6에서는 1층의 기능이 갤러리의 경사로로 이어진 3층으로 올라갔기 때문에, 1층이 비게 되었다. 계획 15100의 개념이 다시 살아난 것이다형태 요소의 반복. 이 단계에서는 입구 홀과 주거 부분의 계단 및 발코니가 강조된다운동, 형태의 지각. 입구 홀을 내부화된 외부로 인식시키기 위함이다.

이렇게 보면 라 로슈잔네레 주택의 입구 홀은 처음부터 사람의 눈을 의식하며 조형만을 위해 계획된 것이 결코 아니다. 자율적인 형태의 원리가 프로그램과 면적과 동선을 배분하고 변형하는 과정에서 생성된 결과다.

롱샹 성당

건축 형태는 기능 같은 외적인 요인을 만나 형태가 고안되고 변형될 뿐만 아니라 역사적, 문화적으로 지속되어온 형태를 진지하게 인식함으로써 얻어지기도 한다. 롱샹 성당의 설계 과정은 건축가 자신의 공간 유형과 자신의 기억 속에 저장되었던 형태 요소가 어떻게 통합되어 가는지를 잘 나타낸다.

스튜어트 코헨Stuart Cohen과 스티븐 허트Steven Hurtt는 롱샹 성당을 르 코르뷔지에가 설정한 공간 유형이 통합된 곳으로 분석한 바 있다.[28] 그들에 따르면, 코르뷔지에 건축의 공간 유형은 프레임정육면체 여섯 개 변이 교차하여 한정된 공간, 돔이노Dom-Ino, 바닥과 천장의 평행한 면으로 한정된 공간, 메가론megaron, 두 변으로 한정된 공간, 지붕상부 면의 형상으로 한정된 공간 등 네 가지인데, 이 유형은 그의 건축 형태를 결정하는 원형이다.

예를 들어 1939년 리쥬 프랑스관 계획은 개방된 지붕과 외부에서 지지하는 기둥 때문에 중심적 형태를 취하고 있으나, 투명한 유리와 엇갈린 경사로, 그리고 만자형卍字型으로 선회하는 외벽 때문에 지붕 아래의 공간은 외향적이다. 특히 지금 르 코르뷔지에 센터로 쓰이는 하이디 베버 뮤지엄Heidi Weber Museum은 네 개의 공간 유형이 병치되어 결합되었다. 이 건물에서는 서로 반대 방향으로 꺾인 두 개의 텐트 모양의 지붕을 바깥에 독립시키고, 기둥은 지붕의 바깥쪽에 붙어 있다. 그리고 프레임으로 이루어진 두 개의 입방체가 골조로부터 독립하며 지붕 아래에 배열되어 있다.

그러나 롱샹 성당에서는 지붕, 프레임, 메가론이 조각적으로 결합되어 있다. 성당은 텐트와 같은 지붕으로 그 밑의 장축형 공간을 통합하고 있는데, 지붕으로 결정된 중심형 교회와 벽으로 결정된 장축형 교회라는 대립적 형태를 합한다. 지붕은 리쥬 프랑스관 계획이나 하이디 베버 뮤지엄과 달리 1937년의 신시대관처럼 아래로 굽어 있어서, 장축형 공간 형태를 강조하고 있다. 실제로 이 성당의 지붕은 벽으로 지지되지 않고 기둥으로 받쳐져 있다. 더욱이 벽과 지붕이 좁은 수평창으로 분리된 것은 중심형의 지붕과 장축형의 벽이 결합되었기 때문이다.

롱샹 성당의 첫 번째 스케치로 돌아가보자. 코르뷔지에는 다른 계획과 달리 거의 모든 중요한 형태 개념을 초기에 결정했다. 롱샹 성당의 설계 조건은 세 가지로 아주 단순했는데, 네이브 nave, 회중석 이외에 세 개의 경당을 두어 미사 중에도 사용할 수 있게 하는 것, 순례의 날에 1,200명이 야외 미사를 드릴 수 있게 하는 것, 이전 성당의 성모상을 간직하는 것이었다.

이를 위해 남쪽의 두껍고 굽은 벽면은 접근해오는 순례자들을 맞아들이고, 동쪽의 벽면은 야외 제단과 함께 결정되었으며, 북쪽 벽과 서쪽 벽이 닫히게 했다. 이렇게 종 모양의 평면 형태는 처음부터 결정되었다. 또한 건축 형태를 이루는 요소들은 자신의 기억 속에 잠재해 있던 형태에서 비롯한 것이며, 그의 다른 작품에서는 보기 힘들 정도로 처음부터 결정되어 있었다.

기억 속에 축적된 형태가 실제 건물에서 어떻게 변형된 것일까? 먼저 롱샹 성당의 형태에 대한 그의 첫 이미지는 아크로폴리스 Acropolis의 지형과 파르테논 Parthenon의 관계처럼 원경에서 바라본 언덕 위의 성당이었다 스케치북 D17. 또 대지와의 관계에서 결정된 평면을 덮는 지붕 형상의 기본이 된 것은 게 껍질이었다. 파이프나 병과 같은 순수파 시대의 사물과는 달리, 게 껍질은 돌이나 나무뿌리, 뼈 등과 함께 '시적인 감흥을 불러일으키는 대상'이 되었으며, 비행기의 날개 구조로 연구되었다.

실제로도 지붕은 게 껍질처럼 두 장의 얇은 막으로 구성되어 있다. 지붕은 한쪽에서 빗물을 받아 모아야 했는데, 이 언덕에 물이 없어서 옛 성당이 소실되었기 때문이었다. 이를 위해 코르뷔지에는 이전에 보았던 댐의 단면을 응용하여 롱샹 성당의 지붕 형상과 단면의 형태를 결정했다.

성당의 원형이라 추측되는 유기적인 형태는 그의 다른 스케치에서도 찾아볼 수 있다. 건축이론가 다니엘 파울리Danièle Pauly는 1928년 코르뷔지에가 여행에서 그린 카탈로니아 성당Carnet C11,703이나, 1931년에 그린 남알제리의 음자브M'zab 마을5230, 나폴리 한 마을의 굴뚝 등이 있다고 주장한다.

롱샹 성당을 구성하는 또 다른 기억은 경당의 탑 형태와 빛을 도입하는 방식이다. 코르뷔지에가 1911년 티볼리Tivoli의 빌라 아드리아나Villa Adriana에서 보았던 잠망경처럼 빛의 굴뚝이 볼트에 가릴 때 생기는 채광법이다. 이렇게 건축 형태는 회화의 형태와 달리, 부분이 사용상의 조건과 역학적 규제를 받고, 기술적 조건으로 변형되어 다른 조건의 원인이나 해결책이 되기도 하면서 더 큰 전체로 조직된다.

본질의 형태 생성

의미를 가진 형태를 도입하고 변증법적으로 통합하고 변형하는 르 코르뷔지에와 달리, 루이스 칸은 공간의 본질과 공통되는 형태를 선택하고, 이들의 자율적인 관계를 탐구했다. 펜실베이니아에 있는 브린모어대학 기숙사Erdman Dormitory, Bryn Mawr College는 중앙 공간을 가진 세 개의 정방형이 모퉁이에서 길게 연결되어 있다. 그러나 이는 단순히 기능에 대응하는 것이 아니라, 기숙사라는 '시설'에 대한 본성을 형태로 해석한 것이다.

커다란 정방형 주위는 개실이 둘러싸고, 주택의 주요 기능을 안에 간직한 중심 홀은 고창에서 내려오는 빛으로 강조되어 있다. 이것은 칸 스스로 밝혔듯이, 두꺼운 벽으로 둘러싸인 내부에 커다란 중심 공간이 있고, 주위에 크고 작은 독립적인 방들이 배열되는 스코틀랜드의 콤론곤성Comlongon Castle에서 터득한 것이다. 루이스 칸은 다음과 같이 말한다.

"여자 기숙사의 본성은 호텔이나 아파트 심지어 남자 기숙사와 비교되어야 한다. 여자 기숙사는 남자 기숙사와 같지 않다. 여

자 기숙사는 남자 기숙사보다 '집의 본성'의 존재가 더 잘 느껴져
야 한다. 입구 홀, 식당 홀, 리빙 홀이라는 세 개의 큰 공간은 기숙
사 방과는 전혀 다른 방식으로 만들어야 했다. 이 공간들은 더 크
고 더 넓은 다른 방이어야 했다. …… 그러나 계속 남은 문제는 큰
공간과 작은 공간 사이의 연계에 관한 것이다."[29]

　루이스 칸이 브린모어대학 기숙사를 위해 그린 첫 번째 스
케치BCD1[30]*를 보자. 이 스케치는 중심 공간에 대해 가능한 배열
을 탐색한 것이다. 여기서 두 가지 형태가 읽힌다. 왼쪽 위에 있는
두 형태는 각각 중심 공간을 동선으로 긴밀하게 묶고 이를 선으
로 연장한 것이지만, 세 번째 것은 긴밀하게 묶는 동시에 선적인
연결을 꾀한 것이다. 반면에 밑에 있는 여러 스케치들은 대지에
대응하기 위해 선적인 구성을 의식한 것이다. 따라서 첫 번째 스
케치는 학생들의 생활을 위한 중심형과, 대지에 대응하는 선형을
동시에 주제로 삼고 있다.

　그 이후, 여섯 개의 정사각형을 연결해 배치하는 문제를 중
심으로 계획이 진행되었다. 당시의 스케치BCD2*를 보면 칸은 여섯
개의 정사각형을 위아래로 나란하게 배열된 형태가 해결책이라고
본 듯하다. 그렇지만 금방 개실을 주변에 배열하는 문제로 옮기지
않았다. 여섯 개의 정사각형의 연결과 중앙 공간 안에 그려진 그
림으로 보아, 이 스케치는 독자적인 공간으로서의 중앙 홀이라는
개념을 확인하려 한 것이다중심 공간의 의미. 이후 정방형은 팔각형으
로 바뀌었는데, 가능한 많은 개실에 유리한 조망과 햇빛을 주기
위함이었다단위 형태의 조합과 분절된 형태.

　다시 루안다Luanda 미국 영사관 계획에서 이중의 벽으로 빛
을 해결하려 한 '페허'의 형태가 제안되지만역사적 형태의 교훈, 일렬로
놓인 정방형들은 위계적으로 연결되어 있다. 『루이스 칸 아카이
브566.1The Louis I. Kahn Archive: Buildings and Projects 566.1』의 오른쪽 스
케치[31]에는 이 계획을 '형식적'이라고 써두었다. 그리고 엔트런스
홀E, 식당 홀D, 리빙 홀R을 길게 이은 다음, '비형식적'이라 표기
한 왼쪽의 스케치는 이에 대한 대안으로 보인다중심 공간의 분산. 이

대안은 여섯 개의 정방형을 위아래로 나란히 배열한 BCD2보다 BCD1의 본래 개념에 더 적합하다. BCD10의 안˙은 이 때문에 얻어진 것이며모퉁이에 의한 단위의 연결, BCD16은 팔각형에 사용했던 단위 형태를 응용한 것이다형태 요소의 반복 사용.

이어서 안은 세 개의 정방형으로 축소되었는데, 이것은 설계 초기에 가졌던 개념을 다른 형태로 지속한 것이다. 한가운데의 직선은 경사지의 한 경계를 나타낸 것이고, 이 네 개의 스케치는 아래에서 위층의 개념을 그린 것이다. 특히 맨 위는 중심 공간의 독자성을 그린 것이다. BCD22도 이와 같은데, 관심은 각 정방형이 층마다 어떤 공간의 독자성을 갖게 할 것인가에 있다. 이 형태는 최종안으로 발전했다.

우리는 건축설계 과정 속에서 기능과 형태가 얽혀 변형되고 새로운 형태로 전개되는 모습, 공통의 감각을 갖는 기억 속의 형태가 통합되는 모습, 그리고 공간의 본질에 대응하며 형태가 변환되는 모습을 살펴보았다. 이와 같이 건축설계란 문제를 '형태'로 치환하는 일이다. 그렇다면 건축가에게 '형태'란 무엇인가? 건축가는 왜 자신이 설정한 문제, 자신에게 주어진 문제를 수많은 '형태'를 통해 끊임없이 풀고 있는 것일까? 대답은 자명하다. 형태를 수정하고 변환하는 생성 과정 속에서 건축가는 비로소 현실의 문제에 더욱 깊이 관여할 수 있기 때문이다.

2장

건축 형태의 의미

회화는 자연을 모방하지만,
건축은 자연을 모방하지 않는다.

연상

연상들

연상과 어긋남

유치원 앞을 꿈의 나라가 연상되도록 꾸미거나, 예식장 앞을 동화 속 성처럼 꾸미는 것도 연상 작용에서 나왔다. 사람들의 빠른 반응을 얻으려고 건축가가 형태를 직설적으로 다룬 것이다.

시드니 오페라하우스Sydney Opera House를 보고 사람들은 '하얀 조개껍질' '날아가는 새의 날개' '항구를 달리는 하얀 범선' '자라나는 꽃잎' '사랑을 나누는 거북이' '서로 잡아먹는 물고기' '스크럼을 짠 수녀'를 떠올린다. 또 많은 사람은 이 건물의 지붕이 제임스 쿡James Cook 선장이 오스트레일리아를 발견했을 때 타고 온 범선 모양을 '연상'시키도록 설계했다고 믿는다. 덴마크 건축가 예른 웃손Jørn Utzon도 그렇게 연상하여 시드니 오페라하우스를 설계했을 수도 있다. 따라서 연상은 설계의 시작이 될 수 있다.

건축 자체가 자연의 어떤 물체를 연상시키기도 한다. 완주 송광사 범종각은 십자형 평면에 십자 지붕을 얹어서, 멀리서 보면 네 채의 건물이 맞붙은 듯 보일 정도로 구성이 매우 조밀하다. 아마도 이 건물의 목적은 내부를 만드는 것이 아니라, 무리를 이룬 공포栱包로 떠받친 지붕을 만드는 것이었을지도 모른다. 그런 까닭에 가까이서 보면 내부가 매우 복잡하다. 추측컨대 이 건물은 땅에 심어진 한 그루의 나무를 '모방'하기 위해 이런 조밀한 구조 방식을 택했던 것 같다.

르 코르뷔지에의 걸작 롱샹 성당을 보고 사람들은 기선, 엄지손가락을 모은 두 손, 박사의 모자, 물 위에 떠 있는 오리, 아들 예수를 보며 웃고 있는 성모의 얼굴 등 다른 형태를 머리에 떠올린다. 그런데 어떤 삽화를 본 뒤 성당의 채광탑을 보면 예수와 성모의 얼굴이 연상된다. 연상이 또 '다른 연상'을 불러일으킨다.

형태와 기능의 연관성에서 연상이 생기기도 한다. 로마에 있는 팔라체토 주카리Palazzetto Zuccari라는 건물은 무서운 사람의 얼굴을 문으로 만들었다. 문과 입은 드나든다는 의미에서 서로 연결된다. 야마시타 가즈마사山下和正가 1974년 일본 교토에 설계한 얼굴의 집Face House이라는 주택 겸 사무소 건물에서는 눈은 창이고 입은 입구이며 코는 환기구이고 귀는 베란다가 되어 기능과 형태를 맞추고 있다.

창은 내다보는 장치이니 사람의 눈과 같고, 환기구는 숨을 들이쉬고 내쉬는 장치이니 코와 같다. 그리고 사람이 드나드는 문은 사람의 입과 같다는 연상 관계를 바탕으로 직접적인 패러디를 했다. 이런 주택을 받아들인 건축주나 그것을 설계한 건축가는 참 대단한 용기를 가진 사람들이었던 것 같다.

미국의 건축가 프랭크 게리Frank Gehry가 캘리포니아 주 로스앤젤레스에 설계한 쌍안경 건물Binoculars Building의 입구도 이와 같다. 환기나 채광을 위한 개구부는 쌍안경을 들여다보는 구멍 모양의 천장에 만들어져 있다. 입구 공간은 쌍안경 모양의 거대한 오브제로 되어 있다. 그렇지만 창은 없다. 창이 있으면 건축물로 보이기 때문이다. 창은 건축을 나타내는 기호다.

일상생활에서 우리는 생각이나 느낌을 직설적으로 말하거나 글로 써서 표현한다. 그러나 시인은 자신의 생각과 느낌을 직접 설명하지 않는다. 시는 다른 비슷한 현상이나 사물에 빗대어 표현함으로써 대상을 새롭게 인식한다. 연상이나 비유, 상징은 사물과 사물, 부분과 부분, 의미와 의미를 이어가며 생산한다.

어떤 건물을 보고 '무언가를 닮았네.'라는 연상이 일어나는 것은 형태 때문이다. 형태는 기호다. 사람은 일상에서 사물의 세계를 기호로 받아들인다. 사물의 물리적, 화학적, 생물적인 구조가 아니라 형태의 표면에 대하여 말하고, 그 말이 사람들에게 읽힌다. 연상은 키치kitsch라고 받아들여질 우려가 있지만, 다른 한편으로는 이러한 연상이 있기에 시적詩的인 사고가 건축 안에서 발동할 수 있다.

연상과 관습

건축은 문화를 어떻게 표현할까? 일본의 주택은 안이 잘 들여다 보이지 않도록 정면에 가느다란 목재를 반복해서 가리개로 붙인 다. 창호지도 창살을 안쪽으로 하고 바깥에 붙인다. 그래서 정면 이 가볍고 표면에 긴장된 느낌을 준다. 대신 주택의 정면은 좁고 깊어 안으로 들어갈수록 방이 어둡다. 도시의 길에 많은 집이 접 하게 하기 위해 정면을 가급적 좁게 잡았기 때문이다.

연상이란 어떤 대상과 비슷하거나 가까운 성질을 근거로 한 사물의 이미지를 다른 사물에 투영해 새로운 이미지를 불러일으 키는 것이다. 이를테면 기차를 보고 여행을 떠올리는 것처럼 하나 의 관념이 다른 관념을 불러일으키는 현상을 말한다. 비슷하거나 가까운 것이지 똑같은 것을 되풀이하거나 받아와서 다시 보여주 는 것이 아니다.

연상은 본래 것과 내가 느낀 것 사이에 어긋남이 있다. 그런 데 연상은 아파트 단지의 조경을 〈몽유도원도夢遊桃源圖〉와 관련하 여 설명한다든지, 인삼회관의 바닥을 인삼밭이 생각나도록 만든 다든지, 건축가의 설계 제안 이유를 정당화하기 위해서 자주 사 용된다. 〈몽유도원도〉와 아파트 조경이 닮은 것도 같지만, 실은 같 지 않다. 그래서 이 둘 사이에는 어긋남이 있다.

기차를 보고 여행을 떠올리는 것이 그저 둘 사이에 어긋남 이 있는 연상이라면, 〈몽유도원도〉와 인삼의 연상은 전통을 따르 자는 문화 '관념'을 앞세운 것이고, 그다음에는 형태의 유사성으 로 연상을 일으키게 한다.

그런데 한옥의 외관에는 돌담이나 벽이 가장 많고 더러 판 재를 사용한다. 창살을 바깥으로 하고 창호지를 안쪽에 붙여서 집의 표정이 창살로 나타난다. 일본 주택과 같은 가느다란 목재 스크린을 절대 앞에 두지 않는다. 또 일본 주택처럼 정면을 좁게 만들지 않으며 주택의 정면과 깊이는 대략 비슷하다. 방들이 안마 당을 에워싸서 어두운 방이 거의 없다. 밖에서 보면 폐쇄적이지만 안마당에서 보면 방들이 어디에 어떻게 있는지 금방 안다. 한옥은 처음에는 무뚝뚝하고 친근하지 않은 듯해도 시간을 두고 사귀면 마음을 잘 드러내는 한국 사람을 닮았다.

이 두 경우를 보면 건축에서 문화를 가장 먼저 표현하는 것이 형태다. 그런데 일본의 주택을 보고 마음을 쉽게 내주지 않는 일본 사람을 닮았다든지, 한옥을 보고 마음을 잘 드러내는 한국 사람을 닮았다든지 하는 것은 사실 하나의 연상 작용이다. 집의 창살, 벽, 배치, 그리고 집에 면하는 방식이 사람의 마음과 직접적인 관계가 없는데도 견주어 생각했기 때문이다.

'형태form'와 '형상figure'을 구별한 경우도 있었다. 이렇게 구분한 사람은 영국 건축가이자 건축비평가 앨런 코훈Alan Colquhoun이었다.[32] 그에 따르면 형태는 기술로 의미가 삭제된 기하학적 형태이며, 형상은 관습, 문화, 역사로 의미가 부여된 형태다. 코훈은 건축이 형태에 의존하기보다는 오히려 형상에 더 많이 의존한다고 주장한다. 이것은 신고전주의에서 나온 '실증적인 미positive beauty'와 '자의적인 미arbitrary beauty'의 구별과 닮았다.

'형상'의 개념은 관습적이고 연상적인 의미를 포함하고 있으나 '형태'는 그것을 배제한다고 말한다. 형상의 개념으로 볼 때 건축은 제한된 요소로 이루어진 언어이지만, 건축 형태는 비역사적인, 그래서 의미가 삭제된 영도零度, degree zero의 건축이 된다. 이런 배경에서 1970년대에는 기계화로 잃어버린 인간의 관습과 역사를 다시 도입하려는 시도가 있었다. 그 결과, 건축 형태에 대한 의미도 크게 바뀌었다. 일반적으로 형태와 형상을 구별하여 부르지는 않지만, 코훈은 건축에서 형태에 서로 다른 두 가지 의미가 개입되어 있음을 지적한 것이다.

건축은 회화나 조각처럼 자연을 모방하거나 대상을 묘사하는 예술이 아니다. 건축 형태는 회화처럼 추상화될 수 없다. 건축의 형태는 따로 홀로 있지 않으며, 구조와 관련되고 용도와도 관련된다. 건축에서는 미적으로 완전한 추상의 형태가 있을 수 없다. 건축에서 형태가 연상 작용을 일으키는 것은 사람이 그 안팎에서 살아가고 있기 때문이다. 살아가는 사람은 자기를 둘러싸고 있는 집의 형태에서 다양하고 복잡한 의미를 연상하는데, 이러한 연상이 모여서 문화와 풍토 전체가 된다. 앨런 코훈이 말한 '형상'이 뜻하는 바이다.

오늘날 흥미로운 또 다른 원리로 '데코르décor'가 있다. 앞에서 외재적 원리의 상위 개념이라고 말한 바 있다. 데코르는 어울림이라는 뜻으로, 비트루비우스는 "건물이 인정된 사물로 권위를 가지고 구성되어 결점 없이 보이는 것"이라고 정의했다. 무슨 뜻일까? 건축에 내재되지 않고 건축 바깥에서 온 의미다. 그는 데코르에는 신화나 사회적으로 이미 정해진 바statio, 관습consuetudo, 자연natura 등 세 가지가 있다고 언급했다.

'정해진 바'란 용맹스러운 신에게는 도리아식 신전, 여신에게는 코린트식 신전, 중간적인 신에게는 이오니아식 신전이 어울린다는 것이다. '관습'이란 이오니아식이나 도리아식에 쓰이는 특별한 디테일이 전통적이고 습관적으로 정해져 있다는 것이다. '자연'이란 예를 들어 아스클레피우스Aesculapius라는 의료신의 영역에서는 샘이 있는 위생적인 땅을 선택해야 한다는 것이다. 이 세 가지는 넓게 말해서 형식과 내용의 일치를 의미한다.

영국 예술비평가 존 러스킨John Ruskin은 고딕 건축이 거룩한 하느님을 그리워하며 만들어진 양식이라고 믿었고 건축 중에 최상으로 여겼다. 그리고 이와 비교해, 원과 정사각형 등 기하하적 형태를 열심히 추구한 르네상스 건축은 오직 형태의 아름다움만을 추구한 순수한 형식주의 건축이지만 그 형식에는 아무런 의미도 담지 못했다고 보았다. 그래서 고딕 건축은 통일된 가치 체계를 가진 건축인 반면, 르네상스 건축은 세속적인 시대의 건축이라고 구분했다.

연상과 재현

"휘날리는 태극기는 우리들의 표상이다."라는 군가의 가사를 보자. 태극기라는 물체가 하나로 뭉친 국민의 마음가짐과 정신을 대신 나타낸다는 뜻이다. 나타내야 할 것은 저 바깥에 있는데 지각하거나 기억하여 내 의식이 그것을 대신 나타낸다. 표상表象과 재현 再現은 같은 말이다.

재현을 영어로 'representation'이라고 한다. '다시'를 뜻하는 접두사 re-와 현재, 현전, 제시를 뜻하는 present가 합쳐진 단어다. 지금은 없는 무언가를 '다시 나타나게 한다.' '대신한다'라는 뜻이다. 그래서 'representative'는 '대신' '대리'를 뜻한다. 의식의 표층에 떠오르기 전에 원본이 있다는 것이 말의 핵심이다. 상징은 그것이 상징하는 바를 닮을 필요가 없지만, 재현은 무엇을 닮는 것이다.

고전적인 예술 분류를 따른다면, 건축은 음악과 마찬가지로 외적인 대상을 모방하지 않는 형식 예술에 포함된다. 건축을 동결된 음악이라고 하는 것은 이 때문이다. 나무를 그린 그림을 보고 실재 나무를 생각한다. 그러나 건축은 나무나 돌을 모방하여 구성한 예술이 아니기 때문에, 건축이 아닌 다른 관념과 연결된 건축 형태에서는 어떤 상에서 미묘하게 어긋난 또 다른 관념을 안에서 끄집어내는 작용이 일어난다. 이것이 연상 작용이다. 그래서 건축 형태는 유별나게 연상 작용이 강하다.

대학교 학부 건축사 수업 시간을 생각해보자. 고전건축의 오더가 처음에는 세 개였다가 시간이 지나서 다섯 개가 되었다고 배웠다. 그러면 세 개 또는 다섯 개의 오더에 성격의 의인화가 있었다고 배웠는가? 도리아식 오더는 헤라클레스나 남성을, 이오니아식 오더는 헤라나 학자를, 코린트식 오더는 아프로디테나 화려한 여성을 의인화했다. 그러나 이오니아식 오더가 진짜 학자를 의인화하지는 않았다. 그 오더는 건축가와 직접 관계가 없는 다른 고유한 관념이 필요했고, 헤라나 학자를 통해 그 의미를 연상할 수 있게 했다.

구축의 형식만이 건축은 아니다. 건축의 의미는 어떻게 만들어지는 것일까? 건축에서는 크게 두 가지 의미 전달 방식이 있다. 고전건축처럼 기하학과 수와 같은 법칙으로 건축의 질서와 논리를 정당화하는 방식과, 고딕 건축처럼 신의 세계를 눈에 보이도록 재현하는 방식이 있다. 고전건축은 덧붙여지는 모티프가 아니라, 수와 기하학이라는 법칙성과 추상적인 방법에 따라 의미를 드러낸다. 그러나 고딕 건축에서는 대성당 입구에 만들어진 조각상이나 스테인드글라스, 그리고 형이상학적인 도상圖像만이 아니라 내부 공간 전체가 천상의 예루살렘으로 모사한 상징적 의미를 나타낸다. 그뿐 아니라 고딕 대성당은 빛의 성질과 수와 기하학의 질서를 통해서 상징적인 건축이 되었다.

이 두 가지 의미는 모두 '재현'이다. 그리스 신전이 기하학과 수의 질서를 재현하고, 고딕 대성당이 하느님의 나라를 재현한다. 흔히 고전건축의 수와 비례, 대칭, 축은 내용 없는 형식이라고 쉽게 생각한다. 그러나 그렇지 않다. 그들이 그런 기하학적인 형식을 열심히 따른 이유에는 그만한 의미가 있었기 때문이다. 다만 우리가 그들과 같은 의미를 찾지 못하기 때문에, 건축의 형식을 내용 없는 틀 정도로만 알고 있을 뿐이다.

연상과 형식

"단순한 도리아식 또는 토스카나식 기둥 두 개만 세운 지방 도시의 은행 지점도 당당하게 열주를 세운 대도시의 본점을 연상시키며, 그 은행 본점은 다시 고대 그리스와 로마의 대건축을 연상시키거나 런던이나 뉴욕 금융시장의 총본산을 연상시킬 수 있다."[33]

연상과 형식을 이해하는 데 아주 적합한 표현이다. 지방 지점은 본점을, 본점은 뉴욕 금융시장을, 뉴욕 금융시장은 고대 그리스를 연상시킨다. 날개나 범선이나 꽃잎에서 온 연상이 아니라, 건축 그 자체의 형식에서 오는 연상이다. 양식이 고대의 영광, 과거의 문화를 연상시키는 것도 이와 똑같다.

그러면 르네상스 건축은 왜 원형과 같은 집중형 건축을 좋아했을까? 바꾸어 말하면 순수한 형식은 과연 의미를 배제하는지 묻는 질문이 된다. 미술사학자 루돌프 비트코버는 이러한 질문에 대답으로 『인본주의 시대의 건축 원리Architectural Principles in the Age of Humanism』라는 책을 썼다. 그는 르네상스 사람들에 대해 다음과 같이 말했다. "작은 우주와 대우주의 대응을 믿고, 우주

의 조화로운 구조를 믿었으며, 중심, 원형, 구 등과 같은 수학적 상
징을 통해 신을 이해할 수 있다고 믿었다."[34] 그리고 르네상스 건
축에 대해서는 이렇게 말했다. "엄격한 기하학으로 치우치지 않은
조화로운 질서를 가지며, 형태적으로 침착하며 무엇보다도 구형
의 돔을 가진 건축은 신의 완전하심과 전능하심과 진실하심과 선
하심을 드러냈다."[35]

　　이 주장의 요지는 형태가 곧 의미라는 말이다. 집중식으로
설계된 성당은 하느님이 창조한 우주를 사람의 힘으로 재현하고
실재하도록 만든 것이다. 르네상스 건축의 형태는 고차적인 관념
체계를 상징하고 있다. 이와 같은 그의 견해는 그의 책 1장 첫 부
분에 잘 나타나 있다. 르네상스 건축에서는 형식의 의미가 달라지
지 않고도 고전적 형식으로 종교 건축, 세속적 건축, 주거 건축 등
여러 목적에 맞게 모두 사용되고 있었다. 르네상스 교회 형식에
상징적 가치가 있다는 것이다.

　　형태에 대한 이러한 생각은 르네상스 시대 건축가이자 건축
이론가였던 레온 바티스타 알베르티Leon Battista Alberti로부터 시작
하여 위대한 인문주의 건축가 안드레아 팔라디오에 이르기까지
이후에도 충실하게 이어졌다. 알베르티의 가르침은 원리가 되어
계속 다시 정의되었다. 비트코버는 팔라디오의 빌라 열한 개를 분
석하며 모두 중앙에 축을 두고 똑같은 방식으로 방들이 배열되는
다이어그램을 보여주었다. 인본주의 시대의 건축 원리는 확대와
축소가 가능한 형태의 유형으로 되돌아가는 것이었다.

　　고전건축은 이상적인 건물을 상상했다. 고딕 건축도 천상
의 예루살렘을 표상했다. 그러나 신고전주의 시대 프랑스 예수회
신부이자 건축이론가인 마르크앙투안 로지에Marc-Antoine Laugier의
〈원시적 오두막집The Primitive Hut〉은 이것과는 조금 다르다. 철학자
카르스텐 해리스Karsten Harries는 〈원시적 오두막집〉이 두 종류를
재현표상한다고 말한다.[36] 우선 어떤 그리스 신전을 재현했다. 그러
면서 상상 속에만 있는 어떤 이상적인 건물도 재현했다. 이 재현
은 건물이 어떻게 시작되었는지 기원을 생각하게 한다.

그의 분석은 흥미롭다. 먼저 상상 속에 이상적인 건물이 있다. 이 건물은 물체로 구성되지는 않고 마음속에만 있다. 수직과 수평 그리고 경사진 부재가 있을 뿐이다. 마음속 건물에 나무라는 물질을 더한다. 그러면 〈원시적 오두막집〉은 마음속의 건물을 재현한 것이 된다. 그리스 신전은 나무 기둥을 돌기둥으로, 수평 부재를 엔타블레이처로, 삼각형 지붕은 페디먼트로 바꾼 것이다. 그리스 신전은 '원시적 오두막집'을 재-현한re-present 것이 된다. 또 이렇게도 말할 수 있다. "파르테논의 프리즈Frieze는 판아테나이아 제전Panathenaia Festival의 행렬을 재현하는 것이면서 또한 펜텔리쿠스 Pentelicus 산에서 나온 대리석을 재-현한다."[37] 그래서 로지에의 '원시적 오두막집'은 "건축은 건물을 재현한다."[38]

합리주의이성주의와 대비를 이루는 픽처레스크picturesque의 미적인 원칙은 경험주의적 연상성에서 나온다. 픽처레스크는 자연에 대해 다양하게 연상하고 여러 양식이 나타나게 했으며 또 상상력을 불러일으켰다. 1798년에서 1799년에 걸쳐 나폴레옹은 이집트를 원정했다. 로제타돌Rosetta Stone이 대표하듯 이 원정으로 유럽에서 이집트학이 발전하게 되었고 건축에서도 이집트 양식이 부흥했다. 1812년에는 런던 피커딜리Piccadilly에 이집트 홀이라는 작은 집이 생겼고 그 이후 이집트 양식은 이국적인 것, 유희적인 것을 대표하는 양식이 되었다.

그러나 이것이 전부가 아니었다. 이집트 양식의 디테일을 잘 이해하게 되자 그들의 세계관을 이해하게 되었다. 그리고 이집트 건축은 무겁고 견고하며 죽음을 향하는 건축으로 평가하게 되었다. 그리고 묘지의 문, 형무소 등에 곧잘 사용되었다. 양식이 연상작용의 원천이 된 것이다. 이는 이집트 건축만이 아니다. 중국 건축, 이슬람 건축, 일본 건축 등이 이국적인 건축으로 주목받기 시작했다. 가치가 상대화되고 전체 구성이 픽처레스크와 같은 자연과 대비를 이뤘다. 양식에 대한 가치관이 하락하기 시작하면서 그 사이를 연상으로 연결하고자 했다.

르 코르뷔지에의 건축에도 재현이 늘 존재했다. 아크로폴리스의 체험은 그에게 큰 영향을 주었고, 그는 고대 그리스야말로 조화로운 전체의 이미지를 준다고 생각했다. 이러한 '그리스 환상'은 코르뷔지에에게 그리스 신전 건축물이 기하학과 수의 질서를 재현하고, 고딕 대성당이 하느님의 나라를 재현한다는 느낌을 주었다. 아크로폴리스의 파르테논은 근원적인 의미를 지닌 이상적인 건축이며 건축의 기원이고, 그래서 근대에도 반복되는 것이었다. 그의 건축에서 재현은 또 다른 곳에서 넓게 작동했다. 건축은 건축 공간과 사진, 카탈로그, 잡지 《에스프리 누보L'Esprit Nouveau》 등 근대 미디어를 매개로 하여 무수한 표상재현으로 분산되어갔다. 이렇게 코르뷔지에에게는 한쪽에는 재현의 원본인 파르테논이 있었고, 다른 한편에는 미디어로 재-현한 건축이 있었다.

성격과 목적

바다 풍경을 그린 회화를 보면서 바다 같다고 하지 않는다. 건축에서는 어떤 건물에 대해 상자와 같다, 산과 같다고 말한다. 회화는 자연을 모방하지만, 건축은 자연을 모방하지 않기 때문이다. 그러나 어린 학생들은 화려한 집을 구경하고는 궁궐 같다고 하고, 대형 할인매장에 가서는 창고 같다고 한다. 건축 전문가도 르 코르뷔지에의 어떤 주택과 같다, 미스 반 데어 로에의 어떤 빌딩 같다고 말한다. 건축이 다른 관념을 가져온 것도 아니고, 무엇처럼 보이게 한 것도 아니다. 화려한 집을 구경하고 '궁궐 같은 집'이라 느끼는 이유는 그 화려한 집에 '궁궐과 같은'이라는 의미가 이미 들어 있다는 말이다.

'주택다운 주택' '교회다운 교회'를 설계해야 한다고 자주 말한다. 이것도 화려한 집을 궁궐 같은 집이라고 느끼는 것과 논리가 똑같다. 그러니까 모두 건축 안에 있는 연상을 의미한다. 이런 논리를 근거로 건물은 목적과 용도에 맞게 표현되어야 한다. 형태나 공간이 합목적성을 지닌 채 표현되어야 하는 것이다. 따라서 기능 역시 다른 관념이 아닌 건축 안에서 연상된다.

철골이 노출되어 있고 경사 지붕인 공장 건물이 있다면, 그 형태가 공장이라는 기능을 직접 표현한다고 단정할 수 없다. 단지 그 형태가 마음속에서 공장이라는 일반 도식을 그려낸 것이다. 그렇다면 '주택다운 주택'에서 내가 지금부터 짓고자 하는 주택에 앞선 '주택다운'은 어디에 있으며, 어디에서 비롯할까? 이에 관해 생각하는 것이 '성격character'이다.

18세기에서 19세기 초 개인적인 것이나 기괴한 것을 강조하는 개념으로 '성격'이 나타났다. 성격이란 외부에 표출된 특이성에 관한 것으로, 본래 사람의 정념情念이 신체에 특이하게 표출되는 것을 가리킨다. 이에 따라 건축에서도 관상을 보았다. 고전주의에서는 건축의 외관을 사람의 얼굴에서 유추했다. 프랑스 고전주의 건축가 자크프랑수아 블롱델Jacques-François Blondel은 사람의 측면 얼굴을 건축의 측면과 비교했다. 카트르메르 드 캉시, 니콜라 르 카뮈 드 메지에르Nicolas Le Camus de Mézière는 이를 관상학으로 받아들여 건축의 성격 이론을 구축했다. 건축의 성격 이론은 결국 관상 이론이다.

성격에 대해 말하자면 아주 길어진다. 그러나 건축에서 성격이란 한마디로 '건물이 어떤 의미를 전하는가.' '그 의미를 어떻게 식별하는가.'로 요약할 수 있다. 성격에 대해 이와 같은 관심을 보인 20세기 건축가들을 보자.

오토 바그너는 "건물의 성격을 명석하게 표현하라." 데이비드 메드David Medd는 "색채는 건물의 성격을 결정한다." 케빈 린치 Kevin A. Lynch는 "보스톤에서 바라는 특징적인 성격"이라고 말했다. 제르맹 보프랑Germain Boffrand은 "여러 성격을 모르는 사람, 또는 작품 안에서 그것을 느끼게 할 수 없는 사람은 건축가가 아니다. …… 대연회장이나 무도회장은 교회와 같은 방법으로 지어져서는 안 된다. …… 모든 양식이나 오더에서는 각각의 건축 종별에 가장 적합한 특징적인 성격을 발견할 수 있다."[39]라고 설명했다.

이런 성격 이론과 관점은 건물의 특정한 분위기를 환기시키며, 용도와 장과 분위기가 서로 연관된다는 생각으로 이어졌고, 중세 대성당을 만든 장인의 혼이 서로 다른 성격을 표현한다고 확대해석하게 되었다. 이렇게 건축물이 건설자의 정신과 관련 있다는 생각이 계속되었다. 근대건축에 와서는 어떤 건물의 성격은 기술자의 감각으로만 이해될 수 있다는 생각으로 이어진다.

　　복잡한 역사적 경로를 짚어가며 200년 전 시대의 성격 이론을 알 필요가 있냐고 반문할 수 있다. 그러나 이렇게 말하고 싶다. 병원이 백화점과 비슷하다고 하면 환자의 치료와 진료에 더 다채로운 서비스를 하는 새로운 병원을 상상하게 된다. 도서관이 편의점과 닮았다면 조금 더 일상생활에 가깝고 24시간 이용 가능한 새로운 도서관이 있겠다는 생각을 불러일으킨다. 연상과 비유는 사물의 굳어진 관계를 해소해주는 힘이 있다.

재-현과 시
재-현은 극장 무대

표상表象은 독일어로 'Vorstellung'이다. 'vor전에, 이전에'에 'stellung배치'이 붙은 말로 상연上演이라는 뜻이 있다. 주인공은 무대 뒤에 있고 다른 사람이 무대에 나와 그 역할을 대신한다는 의미인데 표상재-현이라는 말의 뜻을 잘 나타낸다. 표상은 극장과 같은 개념이다. 표상은 무언가 표층에서 한 걸음 물러난 곳에 있는 전체적인 구조가 무대 위에서 개별적인 연기를 결정한다는 뜻이다.

　　그런데 표상과는 반대로 'Darstellung표현, 연기, 상연'은 눈앞에 보여주는 상연이다. 표상은 본질과 원인을 따지지만, 상연은 현상과 효과에 주목한다. 상연은 무대와 객석, 그리고 배후가 나뉘어 있지 않다. 프랑스 철학자 질 들뢰즈Gilles Deleuze는 상연을 공장에 비유한다. 극장이 표상이고 '있음'의 철학이라면, 공장은 생산이고 '되어가는' 운동의 철학이다.

　　예전의 도시는 '보고 / 보이는' 관계인 야외극장을 만들었다. 고대 그리스의 아고라agora나 신전을 모두 무대로 보자면, 도시 전체가 무대이고 관객석이었다. 고대 그리스에서는 언덕의 편평한 땅에 앉거나 서서 연기와 합창을 보고 들으며 내려다보았다. 나중에는 극장이 '보는 곳'이라는 뜻의 테아트론theatron과 원형 오케스트라로 이루어졌는데, 전체적으로는 절구 모양이었다. 객석과 무대가 대치되지 않고 한 몸이 되어 있었다. 이 절구 모양 극장은 본질과 원인의 이분법이 아니라 현상과 효과가 움직이고 생산되는 공장 같은 극장이었다. 무대는 '보고/보이는' 관계에 있는 장소지만 이 장소는 어디에나 있었다.

무대 뒷면에 벽이 나타났다. 본래는 배우가 몸치장하는 가설 텐트가 있던 자리라, 그곳을 텐트를 뜻하는 스케네skene라고 불렀다. 가설 텐트를 벽면을 가진 고정 구조물로 만들면서 무대의 배경이 생기게 되었다. 이렇게 무대 위 오케스트라가 독립되고 객석과 무대가 분절되었다. 고대 그리스 극장에서 무대와 객석이 나뉘면서 보이지 않는 무대 뒤와 그것이 작용하는 무대라는 '표상'의 관계가 나타났다.

그런데 인본주의 시대의 건축 원리란 모두 르네상스 시대에 있었던 일이라고 부정하면 어떻게 될까? 그렇다면 표층에서 한 걸음 물러난 곳에 있는 전체적인 구조는 공집합空集合과 같다고 할 수 있다. 집합 A + 집합 B = 집합 B일 때 집합 A는 공집합이어야 하므로 "공집합은 모든 집합의 부분집합"이라고 배웠다. 공집합은 원소를 하나도 갖지 않은 빈 집합이다. 어떤 집합의 부분집합을 구할 때는 반드시 공집합을 넣어야 했다. 공집합은 아무것도 없으므로 원소의 개수는 0이다. $n\emptyset=0$일 때 $\emptyset$은 $\emptyset$의 부분집합이다. 그래서 영어로 'empty set'라고 한다. 어떻게 보면 비어 있어서 아무것도 아닌데, 이것이 없으면 아무것도 생산할 수 없는 비어 있는 원점이다.

아무것도 가지고 있지 않은데 어디에나 부분으로 속하는 공집합은 수학에만 있지 않다. 공집합은 무대 위의 배우로 하여금 연기하게 하지만 그 배후에 늘 있는 것, 곧 표상 같은 존재다. "공집합은 모든 집합의 부분집합"이라는 정의는 공집합이라는 절대적인 또는 상당한 가치를 가진 관념이 모든 건축에 표상으로 포함되어야 한다고 바꾸어 말할 수 있다.

비트코버는 르네상스의 형식 공간에 경험과 무관한 절대적인 가치가 표상되어 있다고 말했다. 그러나 이는 절대적인 가치를 표상하는 형태가 공간의 경험과 어긋난다는 뜻이기도 하다. 그는 이렇게 말한다. "단면도와 평면도의 수학적인 관계는 건물 안을 걸어다닐 때는 확실하고 정확하게 지각되지 않는다. …… 따라서 기하학적인 배열의 조화로운 완전성은 절대적인 가치를 재현하고 있어 주관적이면서 일시적인 지각과는 무관하다."[40]

　베르나르 추미는 물질을 조직하지 않고 관념으로만 파악한 건축의 형태를 '피라미드', 신체가 감각적으로 체험되는 형태를 '미로'라고 불렀다. 비트코버가 말한 "기하학적인 배열의 조화로운 완전성"은 피라미드이고, "주관적이면서 일시적인 지각"은 미로다. 추미가 말하는 피라미드는 공집합과 같고, 미로는 공집합이 모든 집합의 부분집합이 되는 어긋남, 차이가 생산되는 형태와 공간을 말한다. 비트코버가 이 두 가지의 복제와 교환을 말했다면, 추미는 둘 사이에서 일어나는 공간의 역설을 논했다고 할 수 있겠다.

시는 재-현하는 것

시는 사물을 총체적으로 바라보고 안에 담긴 진정성을 찾아내는 데 본질이 있다. 시는 특별한 것이 아니다. '근원을 어떻게 되찾을까.' '어떻게 인간답게 살아갈 수 있을까.'를 묻고 찾는 것이다. 그러므로 시는 시작으로 거슬러 올라감으로써 고정된 틀에 갇힌 의미를 계속 확산한다. 건축도 마찬가지다. 시와 마찬가지로 건축은 더 풍부하고 인간답게 살 수 있도록 근원적인 의미를 되찾는 고민을 한다. 고정된 틀에 가둔 의미를 계속 생산하고 확산하고자 한다.

　건축가는 건축 작품을 만든다. 그러나 그 건축 작품은 상상 속에만 있는 이상적인 건물을 동시에 재현한다. 카를로 스카르파가 설계한 브리온 가족 묘지Brion Family Cemetery에는 경당과 지하묘, 그리고 파빌리온과 문 등이 있다. 그런데 이 경당을 보면 이제까지 본 다른 곳의 경당, 지하 묘, 파빌리온, 문 등이 떠오른다. 그리고 콘크리트, 대리석, 흑단이라는 물질을 재-현함으로써 건축 작품이 존재하게 된다.

묘지에서 가장 중요한 브리온 부부의 묘를 구상한 스케치는 완성된 건물보다 더 많은 상상을 하게 한다. 본래는 탑 모양이었으나 결국 초기 그리스도교 시대의 이탈리아 매장 방식에서 착안하여 아치 밑에 관 두 개를 두었다. 관은 서로 대화하듯 가깝게 놓여 있고, 땅에 접하면서도 약간 내려가게 지면을 조정했다. 이 묘를 향해 생명의 상징인 물이 흐르고 아치 위에는 식물을 늘어뜨려 시간이 흐르고 있음을 표현했다. 이 스케치에는 그 뒤에 보이지 않으나 스카르파의 머릿속에서만 상상되는 이상적인 건물이 있다. 이렇게 하여 죽은 자를 위한 정원의 시詩가 시간 속에서 계속 변화하며 나타난다.

공간 안에서 사람의 경험이란 결국 시간이다. 기능은 크기와 배열, 동선을 따져도 시간에 대해 아무런 힘이 없다. 사람이 활동하고 사람이 영위하는 것은 시간이며, 이러한 시간이 건축의 의미를 만들어간다. 건축의 형태는 벽, 바닥, 창문의 모양만을 말하지 않는다. 건축이야말로 인간 생활의 진정성을 찾고자 사물을 총체적으로 바라보는 것이라면, 건물이 들어서면 바뀌는 땅과 길의 모양은 시간의 작용이다. 그리고 이 모두가 건축의 형태다. 이렇게 바뀐 수많은 형태 안에서 사람은 몸에 지니고 있던 이미지의 모양도 바꾸어간다.

스카르파는 이렇게 말했다. "내가 만들고자 하는 것. 그것을 무엇이라고 불러야 좋을까? 시적 환상, 만일 당신이 그렇게 부른다면 그것도 좋겠다. 그러나 시적인 건축이라는 말은 옳지 못하다. …… 건축은 '시詩'일까 묻는 질문이 있다. 물론 건축은 시다. …… 당연하게도 건축은 때로 시이지만 항상 시라고는 할 수 없다. 사회는 언제나 시를 찾지 않는다. 시는 매일 필요한 것도 아니며, 시 자체를 매일 생각할 필요도 없다. 건축은 시다. 그러나 시적 건축을 만든다고 절대 잘라 말할 수는 없다. 시는 그 자신 속에서 생기는 것이기 때문이다. 사물 그리고 건축 자신이 그 안에 시를 가지고 있다. 그것이 자연의 섭리다."[41]

비트코버가 『인본주의 시대의 건축 원리』에서 건축과 형태를 소우주와 대우주에 빗대 설명하는 것까지는 아닐지라도, 형태가 상징적인 의미를 재현한다는 사실은 예나 지금이나 변함없다. 어쩌면 시는 진정성이라는 것이 있지도 않은데 있다고 믿으며, 그것을 향해 화살을 쏠 때 생긴다. 스카르파가 건축을 시라고 말한 근거는 진정성을 '표-상'하는 데에서 나온다.

은유

상징
연상적 의미

기호sign는 대상, 상황, 사건 등 무언가를 특별하고 명백하게 나타낸다. 따라서 기호는 상황이 달라지더라도 무언가 덧붙어 연상하는 바가 없이 단 하나의 특정한 의미를 갖는다. 그렇지만 상징 symbol은 묘사할 수도 있는 것들에 덧붙여서 의미를 함축하고 연상을 불러일으킨다. 같은 문지방이라도 들어가고 나오는 기능이라는 점에서는 기호이지만, 동시에 들어감, 프라이버시, 성교, 출생과 같은 의미를 담아 이를 상징한다.

번개가 치면 물리적인 지식으로 잠시 후에 천둥이 치리라고 예측한다. 이때 번개는 하나의 현상을 표현하고 있으며 동시에 번개는 천둥이라는 내용을 지시한다. 마찬가지로 영어의 boy라는 말이 /bɔy/로 발음되고 /boy/로 쓰이는 것은 '의미되는 것signifiant, signifier'이라고 하며, 이에 대응되는 〈소년〉이라는 뜻을 '의미하는 것signifié, signified'이라고 한다. 끄덕거리는 행동에서 표정은 '의미되는 것'이며 〈긍정〉은 '의미하는 것'이다. 이때 의미론은 '의미하는 것'의 입장에서 기호의 체계를 파악한다.

기호의 의미에는 개념적 의미와 연상적 의미가 있다. 언어의 표현 단위가 지닌 개념이나 속성을 표현하는 것이 개념적 의미다. 표현 단위의 개념적 의미 이외에 부여되는 특성이 연상적 의미다. 이 연상적 의미는 시대나 사회, 개인에 따라 다르다. 이를테면 밥주걱을 생각해보자. 밥주걱에서 '의미하는 것'은 〈밥을 담는다〉는 기능이다. 그러나 소비자 연맹이 밥주걱을 들고 시위를 했을 경우, 밥주걱은 소비자 연맹의 상징이 된다. 그렇다면 밥주걱에는 〈밥을 담는다〉는 개념적 기호와 〈소비자 연맹〉이라는 연상적 기호가 동시에 나타나게 된다.

　　rose라는 단어에는 〈장미〉라는 의미가 있는데, 다른 한편으로는 장미는 붉어서 정열을 나타내므로 〈사랑〉〈애인〉이라는 의미를 동시에 갖는다. 이때 〈장미〉는 rose의 '표시의表示義, denotation' 이고 〈사랑〉〈애인〉은 '공시의共示義, connotation'라 한다.

　　태양은 광명을, 어두움은 죽음을 상징하듯이 인간 모두에게 공통적인 의미를 띠는 상징이 있다. 또 십자가는 그리스도교, 비둘기는 평화라는 식으로 오랜 시간 동안 반복하여 사용된 상징도 있다. 그리고 비가 올 때마다 주인공에게 나쁜 일이 일어나게 하여 개인적으로 정착시킨 상징도 있다.

　　건축의 경우도 마찬가지다. 지붕은 비를 막는 기능이 있으나 지붕에 상당히 비싼 재료를 사용했다면 그 지붕은 〈부〉라는 '공시의'를 갖게 된다. 이것이 상징이다. 집을 햄버거 모양으로 만들면 그 집은 햄버거를 파는 곳을 의미하고, 배 모양을 본 따 만들면 그 집은 생선회를 파는 집을 뜻한다.

집은 상징의 모델

집은 아무리 작고 초라해도 세계를 상징하는 것이었다. 이것은 집에 일부러 붙인 상징이 아니다. 장미는 붉어서 정열을 나타내고 정열의 감정이 다시 〈사랑〉이라는 의미를 갖듯이, 집은 상징의 단서를 가지고 있고 동시에 집이 함께 표현해야 할 관념을 갖는다.

　　상징을 할 때는 이항 대립 구조가 효과적으로 쓰인다. 남자와 여자, 왼쪽과 오른쪽, 해와 달, 낮과 밤, 선과 악, 생명과 죽음 등이 그렇다. 그래서 상징은 사람들이 하늘과 땅, 위와 아래, 앞과 뒤, 안과 밖 등 이미 알고 있고 쉽게 경험한 세계와 합쳐진다. 오늘날 상징은 많이 사라진 듯하고 왠지 시대에 뒤떨어진 사고라고 낮추어 보기 쉽지만, 오늘날 우리 사회에서 상징이 가장 많이 남아 있는 곳은 다름 아닌 집이다.

천막에 지나지 않는 주거의 지붕은 하늘이고, 연기를 빼내기 위해 만든 구멍도 거주자에게는 하늘의 눈이다. 산이 하늘을 받쳐주니, 하늘인 지붕을 바치는 집안의 기둥은 당연히 산이고, 지붕 밑의 바닥은 땅이다. 그렇다면 묘는 이와는 달리 지하 세계를 뜻했다. 집은 이런 것들이 매일 매년 일어나는 시간, 공간, 우주에 대한 상징적인 모델이었다.

그래서 탑 모양 건축은 상승하는 마음, 무한을 향하는 충동, 지상과는 대비되는 곳, 언젠가는 돌아가야 할 곳을 기하학적인 수직선으로 바꾼 것이다. 창문은 상징이라는 측면에서 이완, 넓힘, 정신의 눈을 드러내고 지붕은 보호, 하늘, 천체의 신성을 나타낸다. 집에서 출입구는 문의 기호이며 창문은 개구부의 기호이고 지붕은 집의 기호다. 기호는 지금 여기에서 효과적이고, 상징은 과거와 현재 그리고 미래에 존재한다. 이처럼 상징은 심적이고 문화적인 것이다. 이 심적인 경험은 현실을 그곳에는 없는 하나의 이미지와 비약적으로 결합시킨다.

남아메리카의 보로로족Bororo 마을은 본래 원형을 이뤄 중심에는 독신 남성, 주변에는 여성의 오두막집이 배치되어 있었다. 이들을 평행하게 배치된 마을로 이주시켰더니, 그들이 지키고 있던 사회적인 질서나 관습을 잃어버리고 말았다. 문화인류학자 클로드 레비스트로스Claude Lévi-Strauss의 연구다.[42] 마을이 원형이다, 평행하다는 것은 공간 형태말의 문제인데, 이 공간 형태가 사람들의 사회적 관습과 문화 질서관념와 일체를 이룬다는 것이다. 보로로족에게 원형 마을은 '의미되는 것'이고 그들의 사회 질서나 관습은 '의미하는 것'이었다. 이때 원형의 마을 형태는 보보로족에게 상징이 된다.

그리스 미케네 성 유적에 들어서면 '사자의 문Lion Gate'이 있다. 성문 위에 인방을 올리고 좌우의 성벽을 내쌓아서 인방 위의 돌을 견고하게 붙잡도록 삼각형의 돌을 끼웠다. 그리고 삼각형 돌 안에 암사자 두 마리가 서로 향해 있는 모양을 조각했다. 암사자 두 마리와 기둥은 구조의 본질을 이어받는 매우 위대한 장식의 발견이었다. 또한 성의 권위와 힘을 상징했다.

미케네 성문의 사자상은 사자라는 모양으로는 기호지만, 이 기호 위에 권위라는 내용을 더하고 있으므로 상징이다. 건축 형태의 의미란 객관적인 진실을 말하는 것이 아니라, 어떤 시대의 인간이 맡긴 의미다. 따라서 건축은 크고 작은 상징적 의미에서 벗어날 수 없다.

르 코르뷔지에의 상징

르 코르뷔지에에게 1929년의 남미 여행은 기하학에 근거한 자신의 사고를 일변시킨 계기가 되었다. 남미의 광대한 평야 팜파스 Pampas는 앙투안 드 생텍쥐페리Antoine de Saint-Exupéry가 조종하는 비행기 위에서 내려다볼 수 있는 장대한 경관이었다. 굽이쳐 흐르면서 광대한 땅 위에 그려진 거대한 곡선은 유럽 도시와 같은 '당나귀 길'이 아니었다. 이러한 사실은 그가 기하학적 정신에서 이탈하도록 했지만, 다른 한편으로는 또 다른 새로운 정신의 투영이 되기도 했다. 그 결과 상파울루나 알제Algiers 계획에서는 거대한 육교와 아파트의 지붕이 해안선을 따라 느긋하게 굽어 있으면서, 새로운 풍경의 시학을 만들어냈다.

이러한 변화는 '시적인 감흥을 불러일으키는 오브제'인 조개, 뿌리, 뼈, 인체 등을 회화의 소재로 삼기 시작한 것과 무관하지 않다. 그의 초기 회화는 일상적인 합리성의 산물에 주목했으나, 이제는 직관적이며 관능적인 소재로 눈을 돌리기 시작했다. 그리고 정형인 오브제라는 생각은 사라지고, 생명이 그대로 나타나는 인간의 육체로 관심이 바뀌기 시작했다. 이것은 단지 예술가로서의 직관이 아니라 현실 그대로의 인간, 본능적이며 생물학적인 인간에 주목하였기 때문이다.

그 뒤, 코르뷔지에는 첨단의 기술만을 추구하지 않았다. 비록 낮은 기술일지라도 '기술이란 서정을 담는 그릇'이므로, 기술

그 자체가 목표가 될 수 없었다. 그의 정신은 더욱 넓은 자연과 교감하게 되었다. 이러한 변화는 결코 갑작스러운 것이 아니었다. 초기 건축이나 회화에 잠재해 있던 시학이 자연과 상징과 신화로 더욱 확대되었을 따름이다.

이런 이유에서 1950년대 그의 건축과 회화는 어떤 의미에서는 초기의 그것과 반대되지 않는다. 오히려 초기에 잠재되어 있던 생명력에 대한 희구가 본격화되었다. 유니테 다비타시옹Unité d'Habitation, 롱샹 성당, 찬디가르 도시계획Chandigarh Capital Project, 라 투레트 수도원Couvent Sainte Marie de La Tourette 등은 그의 후기 대표작이지만, 모두 근대의 거장이 스스로 모더니즘과 전혀 무관한 먼 지점에 서 있음을 보여주는 걸작이다.

중기에 만들어진 음향 조각 〈오존Ozon〉이나 육감적인 여성상, 그리고 그리스 신화를 연상시키는 회화 〈수소Bull〉 시리즈는 초기의 기하학적 형상과는 판이한 모습을 나타낸다. 특히 1947년에서 1953년 사이에 그려진 그의 회화 〈직각의 시Poem of the Right Angle〉는 규범과 시의 공존을 보여준다. 코르뷔지에의 후기를 대표하는 롱샹 성당의 네 개 입면은 네 계절에 대응하는 것이고, 남동과 북동 방향으로 난 개구부는 영원한 재생과 풍요를 상징한다. 이러한 표현과 상징은 라 투레트 수도원와 찬디가르 국회의사당 및 사무동, 피르미니 청소년 센터Youth and Cultural Center, Firminy에도 반복되고 있다.

코르뷔지에의 초기 테마는 만년까지 지속되었는데, 대표적인 예가 그의 다른 불멸의 건축인 라 투레트의 도미니코 수도원이다. 이 작품은 그가 죽기 5년 전인 73세에 완성되었다. 급한 경사지 위에 우뚝 서 있는 모습은 그야말로 건축이라야 자아낼 수 있는 장관이다.

라 투레트 수도원은 이렇게 인공의 질서가 풍경 속에서 자연과 대립하며, 작은 우주가 되어 환경 전체와 공명하고 있다. 코르뷔지에는 젊은 시절에 토스카나 지방의 엠마 수도원Carthusian Monastery of Ema을 방문하여 크게 감명을 받았다. 명확하게 구분된 개인의 생활과 조화로운 공동체의 관계가 실현되었던 엠마 수도원의 모습은 라 투레트 수도원 건축에서 발현된다.

그럼에도 라 투레트 수도원에서는 근대의 사회를 개혁하려는 의지가 소거되어 있다. 다시 말해 코르뷔지에는 사회의 현실을 극복하기 위해 만든 초기의 순수 형태를 사회 혁신이 아닌 작가 정신과 공간적인 감동으로 다시 메우려고 하는 것이다. 형태는 현실에서 물러나 있고, 공간은 빛의 연출에 따라 신비스러운 분위기로 정지되어 있다. 이렇게 이 수도원은 냉정한 근대의 기능주의적 건축과 완전히 구별된다.

은유와 살기 위한 기계
은유

비유는 '같이' '처럼' '듯이' 등의 연결어를 사용해 표현하려는 대상을 다른 대상에 빗대어 나타낸다. 그러나 은유는 이런 연결어 없이 둘 사이의 관계가 간결하고 암시적으로 교환된다. '내 마음은 호수요.A는 B다.'라고 말할 때 '내 마음'의 의미와 '호수'의 의미가 직유라면 약간 불안정하지만 은유이면 의미가 한결 가까워지고 안정된다. 그래서 같은 유추라도 은유가 사용되면 서로 관계없던 두 항목에 새로운 의미가 생긴다.

"인간은 인간에게 늑대다."라는 철학자 홉스의 말도 이와 같다. 예를 들어 "사람은 풀이다."라고 했을 때, 사람은 물론 풀이 아니다. 다만 풀은 수명이 아주 짧은 덧없는 것인데, 사람도 덧없다는 뜻이 된다. 풀이 가지고 있던 덧없음이 사람에게 옮겨져서 사람이 덧없는 존재라는 뜻으로 변형된다. 시도 이런 은유의 힘으로 상상력과 새로움을 불러일으킨다. 이처럼 은유는 이미 재현된 현실과는 다른 감수성을 요구하는 힘이 있다.

은유는 학술적인 용어에도 많이 쓰인다. '위성도시'라는 말을 보자. 도시는 도시지 위성이 아니다. 위성과 같은 위치에 있는 도시라는 뜻이다. '전원도시'도 마찬가지다. 도시가 전원일 수는 없다. 전원과 같고 전원의 속성를 닮은 도시라는 뜻이다. '핵가족'

을 보자. 가족이 핵일 수는 없다. 핵과 같이 줄일 대로 줄인 가족이라는 뜻이다. '국가'도 나라인 집이라는 뜻인데, 나라가 어떻게 집이 되는가. 집과 같은 나라라는 뜻을 깊이 숨긴 것이다.

신정신을 생산하는 기계

르 코르뷔지에는 근대건축의 역사상 가장 위대한 인물이다. 그러나 그는 가장 전형적인 근대주의자는 아니었다. 누군가는 그를 20세기 최대의 건축가로 평가하지만, 다른 누군가는 현대의 메마른 도시와 건축을 만들어낸 장본인으로 여기기도 한다. 그는 근대의 정신주의자다. 때문에 그의 건축은 정신으로 사물화된 시, 감동을 생산하는 기계와 같이 기능적인 의미를 계속 형이상학적인 시학으로 바꾸는 작업이었다.

특히 '기계와 같은' 건축이라는 표현은 근대건축을 나타내는 너무나도 중요한 비유였다. 코르뷔지에는 "건축은 살기 위한 기계와 같다."라고 표현하지 않고 아예 "건축은 살기 위한 기계다."라고 말했다. 건축이 기계임을 은유로 말한 것이다.

기계는 완결된 폐쇄계로 효율적으로 가동된다. 그래서 기계가 가진 여러 속성을 건축이 따르고 배워서 본질을 바꾸어야 한다는 결론에 이르게 한다. 코르뷔지에가 전형적인 근대주의자처럼 보이는 이유는 《에스프리 누보》에 게재된 뒤 1923년 『건축을 향하여Vers une Architecture』라는 책으로 출간된 그의 여러 논문, 특히 "건축은 살기 위한 기계"라는 저 유명한 정의를 문자 그대로 이해하려 했기 때문이다. 이러한 주장은 보수적인 당시 건축계에 강한 자극을 주기에 충분했다. 마치 순수한 기능주의자적 입장에 서서 건축을 기계처럼 효율적이고 경제적으로 재편하려 한 것처럼 받아들여졌기 때문이다.

물론 초기 작업 중 일부는 대량생산이라는 새로운 시대의 생산적 요구에 부응하려는 바가 없었던 것은 아니다. 그에게 '정신'이란 가장 중요한 핵심이었다. 양산 주택도 인간의 생활을 위해서 중요했다. 그러나 더욱 중요한 것은 주택 안에서 사는 사람의 새로운 정신 상태였다. 따라서 기계새로운 기술는 주택새로운 생활과 신정신새로운 정신과 함께 삼위일체를 이루어야 했다. 그가 말하는 '주거 기계machine for living'는 단순히 물리적인 주택이 아니라, 어디까지나 '신정신'을 생산하는 기계였다.

"주택은 살기 위한 기계"라고 하면 주택이 실제로 기계라는 뜻이 아니고, 사람이 사는 주택에 맡긴 기계와 같은 효율과 성능이라는 의미로, 옮겨간다. 그리고 주택은 새로워질 수 있는 어떤 의미를 받게 된다. 특히 기선汽船을 통해 그런 주택이 모여 있는 공동체를 은유했다. 코르뷔지에는 실제로 자신이 마르세유에 설계한 유니테 다비타시옹을 여객선에 빗대어 설명했다. 기선은 수많은 여객을 태우고 몇 개월간 홀로 항해하는 독립된 공동체인 것처럼, 기선과 유니테 다비타시옹은 자급자족하는 독립된 공동체라는 일종의 유토피아 사상을 20세기적인 형태로 표현한 것이다.

코르뷔지에의 사보아 주택은 기선과 이렇게 의미 교환이 가능하다.[43] 주택은 거주하기 위한 것이며 주택의 창은 빛을 받아들이는 것이다. 그런데 배도 거주하기 위한 것이며 동시에 움직임과 기술의 산물이다. 한편 기선의 창은 햇빛과 조망이 좋고 창에는 좌석이 붙어 있다. 그러므로 주택의 창과 기선의 창은 유사하다. 따라서 주택의 창은 빛과 조망과 움직임 그리고 기술을 상징한다. 기선 위에는 데크가 있다. 사보아 주택 옥상에도 경사로가 있다. 따라서 사보아 주택은 기선을 연상시킨다. 이런 것을 기능주의자의 은유라고 한다.

그는 도시계획에도 은유적 조작을 가한다. 그에게 기하학은 질서를 주는 것이다. 이 질서는 기하학적 격자grid로 나타난다. 그래서 혼돈스러운 기존 도시를 격자로 재편성한다. 그러면 도시는 기하학의 질서라는 의미를 지니게 된다. 그런데 이 질서에는 건강, 아름다움, 근대성, 진보와 같은 의미도 함께 따라 들어간다. "기하학은 기초다. …… 기하학은 완전함과 신성함을 표상하는 상징으로 짓는 물질적인 기반이다."[44]

기계 미학의 은유

르 코르뷔지에는 기술과 건축, 기사와 건축가를 은유적으로 관련시킨다. 그는 "건축은 전화기 속에도 있고 파르테논 속에도 있다."라고 말했다. 건축을 만드는 정신은 전화기라는 기계를 만드는 정신과 일치하며, 동시에 파르테논을 만든 정신과도 일치한다. 따라서 건축의 정신은 전화기에도 있고 파르테논 속에도 있다. 전화기와 같은 기계만이 기계가 아닌 것이다. "이 놀라운 기계 파르테논"도 비정하리만큼 정확한 기하학적 정신의 산물이다.

코르뷔지에의 『건축을 향하여』에는 근대건축에 가장 큰 영향을 미친 네 장의 사진이 두 쪽에 걸쳐 있다. 왼쪽 페이지는 파에스툼Paestum과 자동차 임베르카브리올레Humbert-Cabriolet, 오른쪽 페이지에는 파르테논과 드라주그랑Delage Grand 자동차를 배열했다. 그 사이에 있는 문장은 이 네 장의 사진을 두고 말하지 않는다. 사진은 사진이고 문장은 문장이다.

그 결과 드라주그랑은 파르테논과 등가를 이루고, 임베르카브리올레는 파에스툼과 등가를 이룬다. 은유적인 관계에서 기술과 건축은 등가가 된다. 기술이 진화하듯 건축도 진화하여 생긴 산물임을 교묘하게 강조하고 있다. 두 고전건축을 만들어낸 수학적 정신은 두 자동차를 만들어낸 수학적 정신과 일치한다는 것이다. 물론 이 네 장의 사진이 말하려는 바는 근대건축이 근거해야 할 '정신'과 '진화'다.

흔히 르 코르뷔지에의 건축을 '기계 미학'의 대표적인 예로 설명한다. 그러나 이 '기계 미학'은 그만의 것이 아니었으며, 당시의 새로운 근대건축의 중요한 한 가지 측면에 지나지 않았다. 그러나 그의 '기계 미학'은 당시의 다른 건축가와 달랐다. 기계와 주택, 전화기와 파르테논은 단순히 생활의 기능만을 만족시키기 위한 것이 아니라 어디까지나 "파르테논, 여기에 우리의 마음을 감동시키는 기계가 있다."라고 할 때의 감동과 결부되는 것이었다. 곧 그가 말하는 '주거 기계'란 감동을 낳는 기계였다. 바로 이 점이 그가 당시 다른 아방가르드와 구별되는 부분이며, 그가 단순한 근대주의자가 아님을 증명하는 기준이다.

르 코르뷔지에는 1917년 프랑스 화가이자 미술이론가인 아메데 오장팡Amédée Ozenfant과 함께 '순수파'라는 이름의 새로운 조형 세계를 전개했다. 그러나 그들의 회화에서 가장 중요한 점은 입체파처럼 대상을 변형하는 데 있지 않고, 일상적인 오브제를 정면에 위치시키고 순수한 기하학적인 정신을 도입하는 데 있었다. "순수파란 조형인 동시에 서정에 관한 새로운 창조이며, 사물이 지닌 변함없으며 본질적인 특성을 조형 작품 속에 조직하는 것이다." 이처럼 그들의 회화는 '신정신'을 낳는 새로운 건축을 탐색하기 위한 다른 방식이었다.

정형, 문화의 은유

유형은 공간과 형태를 조직하거나 독해하는 수단이기도 하지만 문화를 은유하는 데도 쓰였다. 코르뷔지에는 다른 건축가와 달리 유난히 자신의 건축을 유형으로 창안하고 반복적으로 사용했다. 그는 1920년대 '정형定型인 오브제objet-type'라는 개념을 창안했다.

그가 건축과 회화를 통해 동시에 추구하려 한 바는 이른바 '정형'의 문제였다. 여기서 그의 유형을 말할 때는 '정형'이라는 번역어를 많이 사용한다. 그의 초기 회화에 자주 나타나는 유리병과 파이프 등은 근대 공업사회가 만들어낸 익명의 산물이다. 그러나 공업적 오브제들은 근대의 새로운 정신과 생활을 함께 나타내는 것이므로, 코르뷔지에게 그 오브제들은 '정형'이 된다.

그는 컵이라든가 토네트Thonet 가구, 타자기, 사무용품에서 기선이나 비행기에 이르기까지 일상적이지만 단순하고 특성이 없는 대량생산된 표준품이 회화나 건축을 통하면 시대의 본질적인 가치로까지 격상될 수 있다고 생각했다. 그는 자신의 순수파 회화에서 이런 사물을 골라 화면에 배열하고는 이것들이 시적인 작용으로 시대의 문화를 반영하는 대상이 된다고 생각했다.

'정형' 개념을 기계시대의 규범이라 여기고 모든 사물과 건축에 적용했다. 그가 제안한 시트로앙 주택Maison Citrohan은 시트로

엥Citroën 자동차처럼 양산되어야 할 정형 주택이었다. 그것은 색채의 정형인 흰색을 기조로 하고 각도의 정형인 직각으로 구성된다. 이것만이 아니다. 건전한 신정신과 육체를 가진 인간은 거주자의 정형이 된다. 동방 여행에서 체험한 엠마 수도원이나 이뫼블 주택 Immeubles Villas은 공동체의 정형이다. 현대도시에서 시트로앙 주택을 기본으로 집합 주거가 발전·양산되었다. 그렇게 유럽 전역에 세워지도록 구상된 정형 도시다. 이 정형의 도시는 살고 일하고 놀고 쉬기 위한 기계이기도 했다.

형태와 기능
형태는 기능을 따른다

근대건축의 기능주의는 "형태는 기능은 따른다."라는 주장에 바탕을 둔다. 미국 건축가 루이스 설리번이 1896년 「예술적으로 배려된 고층 사무소 건물The Tall Office Building Artistically Considered」에서 건물은 기능과 목적에 잘 맞도록 설계되어야 한다고 한 말이었다. 기능주의는 합목적성에 대한 함수, 곧 작용으로 정하여 형태와 기능의 관계에서 근대의 새로운 문제를 능률적으로 해결하기 위한 것이었다. 근대건축에서는 기능을 건축의 본질이라고 여겼으나, 이것은 건축에 대한 한 가지 견해일 뿐이었다.

그럼에도 이것을 중요한 가치 기준처럼 강조했다. 에드워드 로버트 데 주르코Edward Robert de Zurko는 『기능주의 이론의 기원 Origins of Functionalist Theory』에서 이렇게 말한다. "형태는 기능을 따라야 한다는 기본적인 전제는 설계자의 지도적 원리가 되어 있다. 그러나 동시에 이것은 건축을 측정하는 하나의 척도이며, 하나의 가치 기준이다."[45]

'형태는 기능은 따른다.'는 하나의 '규범'이었지 형태와 기능에 대한 진리가 아니었다. '형태는 기능은 따라야 한다.'라는 기준을 마치 '형태는 기능을 따른다.'라는 규범으로 바꾸어 말함으로써 기능주의는 경직화되었다.

당연히 형태는 기능과 관계가 있다. 그러나 '형태는 기능은 따른다.'라는 주장처럼 형태와 기능이 반드시 일정한 관계를 가지고 있지는 않다. 19세기는 대도시로 인구가 급속하게 집중된 시기였다. 그 결과 100년 동안 인구는 네 배로 급증하였고, 건물도 이전과는 비교할 수 없을 정도로 커졌다. 이제까지는 없었던 철도역사, 온실, 공장, 사무소, 전용 주거 등이 등장하게 되었다. 건물은 근대사회가 성립되면서 단일 기능을 가진 시설로 변화했다.

근대라는 시기는 사회 전체를 계획 대상으로 삼고 새로운 건물 유형을 만들어냈다. 건축을 통해 사회와 공유하기 위함이었다. 그러나 이런 이상은 사라진 지 오래되었고, 이에 따라 고안된 근대의 건물 유형도 흔들리기 시작했다. 근대사회에서 기술이 크게 진보하자 기능 자체가 일정할 수 없었다. 프로그램을 만드는 주체가 더 이상 분명하지 않고, 하나의 형태에도 여러 기능이 있으며, 또 한 가지 기능도 여러 형태가 가능함을 알게 되었다. 더구나 건물이란 한번 지어지고 나면 미리 정해진 기능대로 사용되지도 않고, 쉽게 해체하여 다시 조립할 수 있는 것도 아니었다. 시간이 지남에 따라 변화에 대응하려면 다른 방법이 있어야 했다.

기능은 의미

영국의 건축가이자 건축비평가 케네스 프램프턴Kenneth Frampton은 제네바 국제연맹League of Nations at Geneva 계획에 제출한 스위스 건축가 하네스 마이어Hannes Meyer와 르 코르뷔지에의 안을 비교하며, 기능을 둘러싼 모더니즘 건축의 두 가지 측면을 비판했다.[46]

초기능주의超機能主義의 마이어 안은 엘리베이터, 음향, 열부하를 고려했지만, 호숫가의 콘텍스트를 은유하며 전통적인 기념비적 건축을 제안한 코르뷔지에의 안보다 경제적이지도 기능적이지도 않다고 비판했다. 그리고 마이어의 건물을 "공리적 도상학圖像學"이라 불렀다. 공리적이지 않은데도 공리적인 것처럼 보이는 건축이라는 뜻이다. 철저하게 기능적인 건축을 지향한 마이어조차도 결국은 기능의 극단적인 이미지를 표현하려는 바를 벗어나지 못했음을 비판한 것이다. 이는 단지 두 사람의 건축을 비교한 것이 아니었다. 기능주의를 표방하지만 실은 그 최종 목적이 형태에 있었다는 말이다.

이로써 긴밀할 것으로 예상했던 형태와 기능의 관계는 서서히 해체되었다. 주택으로 말하자면 거실, 침실, 화장실 등의 단위로 분할되거나 분절되는 방이라는 개념을 해체하는 것이었다. 이에 미스는 기능을 방으로 나누지 않고, 기본적인 원룸 형식에 기둥이나 벽으로 막히지 않는 개방적이며 한정하지 않는 공간을 구상했다. 그 결과 근대사회의 기능적인 요청에 대응하는 가변성 높은 건축을 실현할 수 있게 되었다. 그는 기능을 상정하지 않고 모든 기능에 대응하는 방식을 제안했는데, 그것이 바로 '보편 공간'이다.

포스트모더니즘은 형태와 기능의 자의적인 관계를 비판하고, 대신 형태와 의미의 관계로 그 자리를 메우려 했다. 그 비판은 피상적이었지만, 이렇게 하여 기능의 의미는 퇴색되고 건축의 '목적'은 중심적 위치를 잃게 되었으며, 광범위한 '의미'의 형태적 표현이 강조되었다. 그리고 인간 행위에 대한 합리적인 귀결이었던 기능의 문제가 점차 형태의 문제로 이행하였다.

이는 기능의 의미가 사라져서가 아니었다. 단지 더 많은 형태가 근대 공업사회의 기술과 재료로 가능해지고, 건축에 요구하는 기능이 더욱 복잡해짐에 따라 형태와 기능 사이의 필연적인 타당성이 상실되었을 뿐이다.

1976년 미국 건축가 마리오 간델소나스Mario Gandelsonas는 「신기능주의Neo-Functionalism」라는 크게 알려지지 않은 소논문을 발표했다. 1960년대 후반에서 1970년대 전반에 이르는 현대건축의 동향은 역사와 문화를 초월하는 자율적 건축의 '신합리주의Neo-rationalism'와 역사적, 문화적이며 현실에 깊은 관심을 갖는 '신현실주의Neo-realism'로 대비된다는 것이 논문의 골자였다. 이 두 가지는 모두 기능주의를 비판한 것이었다. 그렇지만 그는 본래 기능주의 건축은 현실주의와 합리주의를 모두 구체화했다는 점에서 이 시기의 새로운 동향은 모두 역설적 관계에 있다고 말했다.

그래서 간델소나스는 "기능이란 그 자체가 형태로 분절되는 의미의 하나이고, 기능주의란 본질적으로 단순하고 미처 발달하지 못한 '의미의 개념'에 근거한 것이므로, '의미의 차원'을 도입할 필요가 있다."라고 말했다.[47] 그는 이러한 생각을 '신기능주의'라 부르고 있다. 이에 대해 아이젠먼은 즉각 「탈기능주의Post-functionalism」라는 논문으로 반론을 제기했다.[48] 아이젠먼이 보기에 구태의연한 기능주의란 인본주의의 산물이었는데, 그에게는 이로부터 벗어난 형태 자체의 관계만이 중요했기 때문이다.

아주 오래전의 논쟁이므로 오늘날 이것이 무슨 의의가 있는가 반문할 수도 있지만, 적어도 형태와 기능의 관점에서 아이젠먼은 기능을 아예 부정하고 형태를 앞세운 반면, 간델소나스는 당시 새롭다는 경향들이 기능주의를 비판한다고 해도 여전히 기능의 문제는 쉽게 떠날 수 있는 것이 아니라고 주장했다. 이러한 견해는 '의미'의 개념을 분명하게 정의하지는 못했으나, 근대 이후의 문제를 기능 대 형태의 논쟁이 아닌, 기능에 대한 확대된 해석에서 다시 출발하고자 했다는 점에서 시사하는 바가 많다.

장식된 헛간
이콘

형태는 의미를 가지고, 의미는 형태로 재현된다. 이것은 건축 형태에서 중심 문제다. 형태와 의미의 관계를 설명할 때 반드시 등장하는 것이 '이콘icon'이다.

이콘이란 예수 그리스도나 성모, 성인 등을 목판이나 벽에 그린 성화를 가리킨다. 이 말은 초상과 이미지를 뜻하는 그리스어 eikōn에이콘에서 나왔다. 이콘을 제작하는 것은 스스로 하느님과 만나는 경건한 기도이며 신앙의 표현이다. 이콘은 매개물이다. 그래서 이콘을 '그린다'라고 하지 않고 글로 쓰듯이 이콘을 '쓴다'라고 말한다. 그리스도의 콧날을 물고기 모양으로 그린다든지 그리스도의 옷이 흰색이라든지 등과 같이 그려진 도상圖像, 사용되는 색 하나하나에도 특별한 의미가 있다.

이것이 도상학圖像學, iconography이 성립하는 근거가 된다. 도상학은 미술 작품으로 표현된 이미지에 덧입혀진 이야기, 알레고리 allegory와 같은 의미를 확인하는 작업을 말한다. 곧 도상학은 회화에 무엇이 그려져 있는가에 착안하여 그린 사람이 무엇을 표현하고자 했는지를 읽는 학문이다. 뱀이 감싸고 있는 화살은 신중을 의미하고 벌꿀은 웅변을 의미하듯이 알레고리, 즉 우의寓意란 추상적인 관념을 특정의 도형으로 표상함을 말한다. 돔은 천상을 나타낸다거나 지구라트Ziggurat의 일곱 계단은 우주를 이루는 일곱 개의 하늘을 묘사한 것이 된다. 우주를 지배하는 만신의 집으로 계획된 로마의 판테온이나 사찰의 배치를 오성좌五星座와 같은 천문 사상에 따른 것으로 보는 해석이 이에 해당한다.

도상해석학圖像解釋學, iconology은 조금 더 거시적으로 여러 시대에 등장하는 문헌을 토대로 하여 어떤 대상이 어떤 의미를 가지고 있는지 또는 그 의미가 다른 요소들과 어떻게 결합하는지를 다룬다. 서양 사람들이 손을 들어 모자를 들어올리는 인사 행위는 서로 엎드려 절하는 조선 사람이 이해하기 어렵다. 마찬가지로 서양 사람도 조선 사람의 인사법을 이해할 수 없을 것이다. 도상해석학은 그것을 만든 문화 안에서 제재題材에 반영된 시대나 사회사상 등의 관념을 해석한다. 이렇게 구별한 이는 미술사가 에르빈 파노프스키Erwin Panofsky다.

미국 철학자 찰스 샌더스 퍼스Charles Sanders Peirce는 기호와 그 대상의 관계에 따라 아이콘icon, 기호학에서는 영어 발음으로 아이콘이라 한다, 인덱스index, 심벌symbol 세 가지로 분류했다.

심벌은 언어처럼 기호와 그 대상의 관계가 일반적인 약속이다. 퍼스의 분류에 따르면 도상학으로 객체화된 이콘도상은 아이콘이 아니라 심벌이다. 인덱스는 색인처럼 기호가 그 대상을 실제로 가리키는 관계에 있는 기호다. 이에 대하여 아이콘은 초상화와 인물의 유사성처럼 기호와 대상의 유사성인 기호다.

초상화는 그려진 인물이 누구인지 아는 사람에게는 의미가 전달되어도, 그 인물이 누구인지 모르는 사람에게는 의미가 전달되지 못한다. 심벌에는 언어의 성격이 있고, 그래서 이콘은 언어와 같이 '읽는다'라고 말한 것이다.

요사이 컴퓨터나 스마트폰에 '아이콘'이 많이 나타난다. 톱니바퀴 모양을 한 아이콘을 누르면 톱니바퀴가 나오지 않는다. 그 안에 톱니바퀴를 다시 만지고 고치듯이 설정한다는 뜻이 있다. 출구, 종료, 화살표, 교통 심벌과 같이 문화적으로 정해진 아이콘이 그러하다. 정보를 빠르고 정확하게 전달하는 데 아이콘이 유용하게 사용되는 이유는 대상의 닮은꼴이 의미를 직접 나타내기 때문이다.

오리와 장식된 헛간

미국의 건축가 로버트 벤투리Robert Venturi는 『라스베이거스에서 배우는 것Learning from Las Vegas』에서 미스는 공업 건축을, 코르뷔지에는 곡물용 엘리베이터를, 발터 그로피우스Walter Gropius는 파구스 공장Fagus Factory을 모델로 바우하우스 학교 건물을 설계했다고 지적한다. 모두 공장과 같은 건물을 지었다는 것이다.

19세기의 증기선이나 기관차처럼 공업 건축이나 곡물용 엘리베이터가 지니는 "도상의 힘iconic power"[49]을 이용하며 이를 연상하게 하는 "공업의 도상학industrial iconography"[50]을 언급했다. 이렇게 해서 "공업 건축과 기계는 기능적이다. 그래서 근대건축의 형태는 공장이나 기계를 닮았다."라는 연상을 하게 만든다. 이전의 양식 건물은 먼 과거의 양식적 장식을 모방했지만 이들은 유형적인 모델을 바탕으로 하여 건축의 도상학을 발전시켰다는 것이다.

강원도 고성군 도원리에는 '진격의 농부'라는 마을회관이 있다. 일본 애니메이션 〈진격의 거인進擊の巨人〉을 연상하게 하여 이런 이름을 붙였다고 한다. 지게에 독을 지고 일어나려는 농부의 모습이어서 건물이 아니라 마치 거대한 조각물 같다.

미국 오하이오 주에는 롱거버거Longaberger라는 소규모 수제 바구니 회사가 있다. 이 회사 사옥은 바구니 모양을 하고 있다. 미국 뉴욕의 허쉬Hershey 초콜릿 본사 건물에도 거대한 초콜릿 모양이 있으며, 프랑스 파리의 루이 비통Louis Vuitton 본사 건물의 벽면은 루이 비통 특유한 무늬가 있는 가죽 여행 가방 모양이다. 고성에 있는 '진격의 농부'나 루이 비통 본사나 수법에서는 똑같다.

벤투리는 『라스베이거스에서 배우는 것』에서 '언어'와 똑같은 상징적인 기능을 건축에 적용했다. 이 책의 주제는 라스베이거스가 아니라 근대건축이 무시해온 건축 형태의 상징성이다. 이 책은 상징성을 인정해야 하고 상징성에 입각한 건축을 만들어야 한다고 주장한다. 개정판 제목인 『건축 형태의 잊힌 상징성The Forgotten Symbolism of Architectural Form』은 이 점을 집약하고 있다. 그리고 도상학과 장식에 관심을 기울인다.

그가 이 책에서 상징적 건축의 형식으로 보여준 두 가지는 '오리duck'와 '장식된 헛간decorated shed'이다. '오리'란 오리 모양을 한 드라이브 인과 같다. "공간, 구조, 프로그램으로 이루어진 건축 시스템이 전체를 덮고 있는 상징적 형태로 숨겨지고 왜곡되어 있는 건물"로, 안에 있는 기능과 그것을 담는 형태가 일체가 된 경우를 말한다. 근대건축의 기능주의에서 형태가 기능을 따름은 '오리'를 만든 것이다. 형태의미하는 것와 기능의미를 받는 것이 일체를 이루면 '오리'와 같은 독특한 상징성을 담게 된다. 그러나 벤투리는 이런 근대건축에서 상징성이 암시적implicit이어서 표현하려는 바가 명료하지 않다고 비판했다.

'장식된 헛간'이란 간단히 말하면 뒤는 허름한데 앞의 파사드만 따로 만들어 허름함을 가리는 간판 건축과 같은 것이다. '장식된 헛간'이라는 용어도 오두막집이 파사드를 장식하여 붙였다는 뜻인데, 관습적이며 상징적 기호인 외관의 형태가 그 건물의 기능과 전혀 다르다. "공간과 구조가 프로그램이 요구하는 바를 무리하지 않고 따르며, 장식이 그 자체 다른 것과 관계없이 붙어 있는" 건축을 가리킨다. 이런 건물은 대중적인 장식을 하여 평범하고 때로는 추악하기까지 한 경우가 많다. 그럼에도 벤투리는 이러한 건물이 더 명백하고explicit 이해하기가 쉽다고 봄으로써, 다양한 장식을 덧붙인 상징성은 정당하다고 여겼다.

진격의 농부 마을회관은 '오리'인가 '장식된 헛간'인가? 답은

'오리'다. 농촌의 마을회관이라는 건물의 기능이 농부의 형상과 일체를 이루고 있기 때문이다. 롱거버거 건물도 마찬가지다.

　　그렇다면 르네상스의 걸작인 피렌체의 산타 마리아 노벨라 성당Basilica di Santa Maria Novella은 '오리'인가 '장식된 헛간'인가? 답은 '장식된 헛간'이다. 신전 모티프의 파사드는 그 뒤의 건물 본체와는 독립된 것이기 때문이다.

　　이콘, 아이콘은 종교적인 성화의 형태만은 아니다. 또한 미국에만 있는 현상도 아니다. 오늘날 우리 도시와 교외에서도 얼마든지 볼 수 있다. 지중해식 단지, 영국 전원풍 단지, 맥락을 알 수 없는 기호와 인용 등 상업 공간에서 '장식된 헛간'과 '오리'는 지금 우리의 현실에 즐비하다.

　　1990년대 이후 세계 각지에 '아이콘적 건물iconic building'이 계속 나타나고 있다. 글로벌 자본과 스타 건축가가 설계한 건축물로 정체를 알 수 없는 모순된 이미지가 압축된 형태로 강렬하게 눈길을 끈다. 건축이론가 찰스 젠크스Charles Jencks가 2005년에 출간한 『아이콘적 건물The Iconic Building』[51]에서 따온 이름이다. 이전에는 종교나 정치와 관련하여 교회나 공동 청사가 집합적인 표상이 되었다. 물론 프랑스 파리의 콩코르드 광장Place de la Concorde이나 에펠탑The Eiffel Tower의 상징적 건물은 오래된 '아이콘적 건물'이다. 지금은 상업주의와 대중매체가 주도하는 미술관이나 브랜드 숍이 랜드마크로 등장하고 있다. 이제는 어떤 건물도 아이콘이 될 수 있는 시대가 되었다.

　　영국 건축가 노먼 포스터Norman Foster가 설계한 2004년 런던의 30 세인트 메리 액스30 St Mary Axe에는 모양이 비슷하다고 하여 작은 오이를 뜻하는 게르킨The Gherkin이라는 별명이 붙었다. OMA의 2008년 베이징 중국중앙텔레비전China Central Television, CCTV 본사 빌딩, 다니엘 리베스킨트Daniel Libeskind의 뉴욕 그라운드 제로 계획Ground Zero Master Plan, 영화 〈7년 만의 외출The Seven Year Itch〉에서 통풍구 바람으로 마릴린 먼로Marilyn Monroe의 스커트가 올라가는 장면을 연상시키는 월트 디즈니 콘서트홀Walt Disney Concert Hall

역시 하나의 아이콘으로서 기능한다. 이러한 건물과 함께 스타 건축도 아이콘이 되어 그들의 스타일을 재생산하고 있다.

특히 프랭크 게리의 1997년 빌바오 구겐하임 미술관Guggen-heim Museo, Bilbao은 스페인의 한 지방 도시를 세계적인 관광도시로 변모시키는 건물이 되었다. 또한 미술관 자체가 감상물이자 랜드마크가 되었다. 아이콘적인 건축물은 지방 차원에서는 쇠퇴 지역을 부흥시키는 기폭제가 되고, 글로벌한 차원에서는 도시 사이 경쟁에서 이기기 위한 수단이 되고 있다.

오늘날 초고층을 향한 열망은 중국이나 두바이에서 볼 수 있다. 글로벌한 도시가 안고 있는 속도, 양, 규모의 문제는 도시와 교외가 무질서하게 발전해 그 지역의 가장자리가 농촌으로 팽창되는 스프롤현상urban sprawl을 건축 규모로 바꾼 것이다. 이 건물은 주위의 '추하고 평범한' 건물을 배경으로 하는 일반적인 상업 건물의 다른 면이며, 벤투리의 용어로 말하자면 거대한 '오리' 또는 거대한 '장식된 헛간'이 될 우려를 안고 있다.

장식

장식과 치장
만들어지는 장식
"이음매가 장식의 시작이다. 장식은 단순히 적용된 치장과는 구분되어야 한다. 장식이란 이음매를 예찬하는 것이다."[52] 루이스 칸의 말이다. 장식을 이렇게 간명하게 말한 이가 또 있을까. 장식을 이렇게 존중하며 정의한 이가 또 있을까.

미스 반 데어 로에도 이와 비슷한 말을 했다. "두 장의 벽돌을 조심스럽게 함께 놓을 때 건축은 시작된다."[53] 벽돌 두 장이 모이면 무엇이 생길까. 구조가 생길까? 아니다. 이음매가 먼저 생긴다. 벽돌은 이음매가 있고 난 뒤에 구조가 된다. 무수하게 아름다운 방법으로 싸인 벽돌 벽을 보면서 루이스 칸의 말을 생각하면 그 뜻을 충분히 알 수 있다. 벽돌의 크기, 줄눈, 세워쌓기, 비워두기, 돌출하여 그림자 만들기 등 여러 방법에 따라 견고한 벽도 되고 마치 털실로 스웨터를 짠 것처럼 느껴지기도 한다. 그야말로 "이음매가 장식의 시작이다."

그런데 본래 건축에서 'ornament'는 구조의 질 등을 높이기 위해서 관계없는 무언가를 더하여 의도적으로 이용하거나 덧붙이는 코니스cornice, 몰딩molding, 천장, 지붕, 주두 등의 요소를 말한다. 곧 꾸미는 '요소'를 말하므로 '장식'이라고 번역한다. 장식은 무언가에 덧붙여지는 것이 아니라, 창문을 이루는 여러 부재가 짜맞추어질 때 생기는 이음매에서 시작한다. 재료와 구조적 성질로 만들어진 부재의 접합, 곧 디테일이라는 작은 요소가 전체를 설계해가는 과정에서 크고 작은 영향을 미친다는 뜻이다.

그래서 19세기 영국의 건축가 오거스터스 푸진Augustus Pugin이 오너먼트란 "건물의 장식을 만드는 대신에, 실제로 만들어지고 마는 장식"이라고 했다. 만드는 장식이 있고 만들어지고 마는 장식이 있다는 말이다. 만드는 장식은 데코레이션decoration, 만들어지고 마는 장식은 오너먼트ornament다. 건축물을 형태로 만드는 이상, 장식은 늘 따라다니게 되어 있고, 장식은 건축 형태에 대한 사고를 본질적으로 표현한다.

오너먼트인 장식은 만들어지는 과정에서 나타난다. 스웨터는 털실로 어떻게 짰는가에 따라 다양한 모양이 생겨난다. 그러나 실은 서로 겹치는 경우가 전혀 없다. 올이 짜인 순서와 문양이 그대로 장식이 된다. 사람이 입고 다니는 옷의 문양이나 결은 모두 짜인 재료의 이음매로 이루어져 있다. 새로 나온 매끈한 스마트폰도 재료가 만난 이음매로 맵시를 나타낸다.

칸트는 장식이란 회화의 액자, 조각상이 입은 의복, 궁전 주변의 주랑이라고 말한 바 있다. 아마도 회화, 조각상, 궁전이라는 중심에 대한 주변이라는 뜻에서 말했을 것이다. 그러나 그는 장식이 중심 가까이 있으면서 중심에 부속하는 변방임을 말하려는 듯하다. 건축에서 장식은 사물 옆에 있으면서 사물과 사물을 잇고

환경과 사람과 지각을 이어주는 무언가의 관계를 전한다.

　　디테일, 곧 세부細部는 의장과 분리된 구법이나 생산의 문제
가 아니라, 부분과 전체라는 설계 전반을 결정해준다. 세부가 전
체에 대하여 지니는 힘은 고딕 건축의 '리브rib'에 잘 나타나 있다.
고딕 건축의 리브는 기둥을 따라 위로 올라가면서 몇 줄기로 나
뉜다. 그리고 높은 천장에서 교차 볼트의 테두리를 따라 다시 작
게 나뉘다가 다시 반대쪽 기둥을 따라 내려온다. 이러한 리브라
는 디테일이 공간을 통합하고 조각과 빛을 하나로 묶어낸다. 이러
한 사정은 고딕 건축에만 해당되지 않는다. 모든 건축에서 디테일
이라는 부분은 전체를 향하고 전체를 통합하는 힘을 가진다.

가우디의 장식

건축에서 무엇이 장식인가? 가우디가 20대 초반에 쓴 『수기
Manuscrito de Reus』에는 알람브라Alhambra 사자의 중정Court of the Lions
에 있는 기둥을 관찰한 내용이 있다. 이 글이 질문을 가장 잘 설
명해준다. 그는 지름이 작고 길쭉하고 섬세한 기둥에 있는 몰딩에
집중해 장식에 관해 썼다.[54] 하나도 아니고 여러 개가 다발로 아치
가 시작되는 두툼한 부분을 받쳐주고 있다. 만약 이 역할을 큼직
한 기둥 하나가 했다면 사자의 중정이 얼마나 폐쇄적으로 보였을
지 상상해보라.

　　이 중정은 왕 이외에 남성의 출입이 통제된 곳이었고, 가느
다란 대리석 기둥 124개가 정원을 둘러싸고 있다. 이것을 보완하
기 위해서 주두 바로 밑에 있는 여러 개의 가느다란 고리 모양의
몰딩이 주두의 밑부분을 확장해주고 있고, 기둥 밑의 몰딩은 기
둥의 길이를 짧게 해준다. 위아래의 몰딩이 가느다랗고 긴 기둥의
길이를 그만큼 짧게 하여 비례를 맞췄다. 이것이 장식이다.

　　가우디는 또 이렇게 말했다. "일반적인 형태: 웅장한 문들을
덮는 조각상은 / 부벽으로 드러난 볼트와 아치의 외력을 / 건축
체계와 종교적 이념의 표상 간의 조화로 / 완성한다. 그들은 그 거
대한 덩어리를 감추지 않고 / 적합하고 단순한 장식의 방식을 통

해 / 필요에 따라 그것의 물성을 사라지게 하면서 / 반대로 오히려 그것에서 자신의 웅장함을 취하고 있다."[55]

대성당 정면을 바라보고 한 이 말을 풀어쓰면 볼트와 아치라는 구조체에 전달되는 외력이 있는데, 이것이 부벽에 나타나 있다는 뜻이다. 대성당 정면의 큰 문은 실은 아주 두꺼운 벽면에서 도려낸 것이다. 여기서 보이는 두꺼운 기둥을 부벽이라고 말한 듯하다. 벽면에는 많은 조각들이 새겨져 있다. 조각을 새기기 위해 벽을 만든 것이 아니라, 벽이 두껍기 때문에 목적을 위해 조각을 새겼다. 조각과 기둥, 아치처럼 만든 것은 모두 '장식'이다.

그런데 이 장식이 없으면 구조의 외벽에 대항하는 물질적인 건축 체계만이 존재하게 된다. 이 "웅장한 문들을 덮는 조각상"이라는 장식이 있음으로써 건축 체계는 "종교적 이념"과 조화를 이룬다. 따라서 장식은 건축 체계와 건물의 목적에 부합하는 의미를 동시에 전하는 전달자이다. 또 장식은 이 구조 체계를 감추지 않고 오히려 드러낸다. 게다가 구조가 지니고 있는 물성이 사라지도록 작용한다. 이 대성당에서 조각이라는 방식은 구조를 드러내되 두 가지 성격이 동시에 나타난다. 하나는 "자신의 웅장함을 취하는 것"이고, 다른 하나는 구조를 "사라지게 하는 것"이다.

건축에서 장식은 구조를 가리지 않고 드러내며 동시에 구조를 흐리게 하기도 한다. 장식은 구조를 드러내고 사라지게 하는 것 사이에 있는 중간자다. 그러나 구조가 웅장하게 보이도록 하든 구조의 무게를 지워 가볍게 보이게 하든 건축물의 성격여기서는 그리스도교 건축물의 종교적 성격을 정해주는 것이 장식이다.

'건축에서 장식은 어떤 것인가.' '건축에서 장식은 과연 필요한가.' '장식은 버려야 할 것인가.' '장식은 허세를 부리는 방식인가'……. 장식은 아주 까다로운 여러 문제를 안고 있다. 아마도 건축 형태에 관한 가장 어려운 논의가 장식일 것이다.

만들어지는 치장

우리말에는 'decoration'과 'ornament'라는 두 용어에 대한 적합한 번역어가 없어 모두 장식이라고 번역하곤 한다. 그런데 이 둘은 엄격하게 구분된다. 'decoration'은 색깔이나 디자인에 아름다움을 더하여 검소하고 무미건조함을 덜기 위해 구조물에 덧붙이는 '행위'를 말하므로 '치장'이라고 번역하기로 한다.

치장은 예술에 덧붙이는 가장 일반적인 용어다. 그러나 치장이 모두 장식이 되는 것은 아니며, 장식이 치장에 속한다. 치장 중에서 내용을 전달하는 가치나 정보보다 형태의 시각적인 즐거움이 큰 것이 장식이다.[56] 로마네스크 건물에서 자주 보이는 블라인드 아케이드blind arcade는 일련의 아치를 벽 앞에 붙여 꾸미는 것이다. 블라인드 아케이드는 구조적인 이유가 있어서 생긴 건물의 요소이지만 아치가 겹쳐서 장식이 된다.

표상적이고 무언가를 이야기하려는 것은 '치장'은 되어도 '장식'은 아니다. 장식은 시각적인 즐거움이 가장 중요하다. 어떤 인물의 부조는 '치장'이지만 당초 문양은 '장식'이다. 성당 안의 프레스코는 그리스도교의 교리를 전하므로 '치장'이지만 찻숟가락은 그 자체가 형태이므로 '장식'이다. 그러나 표면에 하얀색을 칠하면 하얀색이 보편성의 질을 갖게 하므로 '장식'이 된다.

장식의 범위가 어디까지인가를 정하는 것은 참으로 어려운 일이다. 장식이란 본체는 아니고 본체에 덧붙는 것이므로 이를 낮추어 생각할 수도 있고 반대로 본체의 중요성을 강조할 수도 있다. 장식은 부정될 수도 있으며 반대로 긍정될 수도 있는 모호한 존재다. 그렇기 때문에 장식은 쉽게 판단할 수 없다. 또 장식은 개인이 좋아서 만들거나 붙일 수 있는 것이 아니다.

장식은 본체에 붙는 부가적인 것인데도 문화적으로 공유된 질서의 감각을 가지고 있다. 한국 건축의 장식과 일본 및 중국 건축의 장식이 다른 이유는 장식이 문화적인 질서를 가진 형태이기 때문이다. 만일 장식이 이러한 공유된 질서의 감각이 없다면 장식이라고 할 수 없다. 그저 모양이다.

근대건축과 근대 이전 건축에서 장식에 대한 입장이 사뭇 다른 이유는 문화적 배경이 전혀 달라서다. 근대 이전에는 장식을 선택하거나 제작하는 것이 건축설계의 중심에 있었으나, 근대에 와서는 그 중요성이 급속히 사라졌다. 건축은 장식을 수단으로 사회적 메시지를 전달할 수 없게 되었다.

오늘날에는 반대로 장식이 갖는 문화적인 질서 감각을 적극적으로 이용하여 다시금 장식 요소를 건축 안에 들여오려고 한다. 그러나 이것은 근대 이전의 양식적 장식과는 전혀 다른 문화적 배경과 연상 작용에 기인한다.

희생의 장식

미국 예술사가 조지 레너드 허시George Leonard Hersey가 1988년 쓴 『고전건축의 잃어버린 의미The Lost Meaning of Classical Architecture』 속 문장 "비유인 장식"에서 비유trope는 그리스어 'tropos바꾸다, 섞다'에서 왔다고 알려준다. 전투에서 패배한 적들을 희생물로 '바꾼다'는 말이다. 경쟁에서 승리하면 주는 트로피trophy에 무기나 투구를 붙여 만드는 것도 이 말에서 나왔다고 한다. 이렇게 보면 이 뜻에서 저 뜻으로 의미를 바꾸는 '비유'는 무서운 느낌이 든다.

건축물에 식물 장식을 하는 이유는 건물을 아름답게 보이기 위해서 만이 아니었다. 허시는 그 이유를 건축물을 세우려고 나무를 쳐내고 주변의 온갖 식물을 없애버린 것에 대한 잘못된 행위를 보상하는 것이라고 말한다. 이 책은 건축의 의미에 관한 책이다. 우리는 고대 그리스 건축을 기둥과 보의 명쾌한 구조 그리고 이성이 만들어낸 건축이라고 믿었는데, 이 사실을 알고 나면 역겨운 이미지에 피비린내 나는 희생과 억압의 기억으로 바뀌고 만다.

허시는 단어 속에 숨어 있는 의미와 연상을 통해 그리스 신전의 장식을 다시 해석한다. 허시는 고전건축의 장식들이 얽매이고 치장된 희생물이었으므로 장식은 아름다움이 아니라 군인, 사제, 종교상의 의무를 나타낸다고 말한다. 기둥의 맨 윗부분인 주두에는 사각 판처럼 생긴 아바쿠스abacus, 그 아래 에키누스echinus,

다시 그 아래 네킹necking이 놓인다. 에키누스라는 이름은 실제로는 가시 모양 잎으로 된 장식이라고 설명한다. 이것은 당시에 신전을 희생물로 쓰려고 이것저것 모아놓은 곳이었다는 뜻이다.

그리고 고대 그리스의 희생 제사에서 사용된 이름이 장식의 이름이 되었다고 밝힌다. 신전의 기원이 신성시된 나무들이고 동물을 잘라 희생 제사를 드렸으며, 이 기억이 건축으로 바뀌었다.

조지 레너드 허시에 따르면 원기둥 초반礎盤, 주춧돌의 몰딩인 카베토cavetto는 두꺼운 밧줄인데 밧줄로 묶인 희생 제물의 발을 연상시키고, 초반과 주신 사이에 움푹 들어간 곡선 아포피시스apophysis는 뼈나 피를 담는 그릇의 일부를 나타낸다. 트리글리프triglyph는 세 개로 나뉜 넙다리뼈이고 메토프metope는 눈 사이이며, 돌출된 까치발인 안코네스ancones는 귀 모양이라는 것이다. 고전 건축의 처마 밑에는 거터gutta라고 하는 여섯 개의 물방울처럼 생긴 것이 있는데, 이것은 이 신전을 지었을 때 바치던 희생 제물의 피를 나타내는 것이었다.

파르테논 옆에 매우 아름다운 에레크테이온이라는 신전 하나가 더 있다. 지형의 변화에 대응하며 지어진 정말 뛰어난 건축물이다. 이 신전의 가장 큰 특징은 여섯 개의 여인상 기둥이 있는 입구에서 드러난다. 여성을 모티프로 한 기둥을 여상기둥, 카리아티드caryatid라고 한다. '카리아에의 처녀'라는 뜻이다. 이 처녀들은 그리스를 배반하고 페르시아를 도운 카레아이Caryae; Karyes에서 잡아온 포로들이다. 포로들이 영원한 질곡에서 머무르는 것을 과시하기 위하여 이런 건축을 만들었다. 다리 모양도 자연스러워서 마치 건축물 속에 낭만성을 표현했다고 보기 쉽지만, 전혀 그렇지 않다. 건축은 아름다움을 다루는 미학적 존재이기 이전에 지배와 피지배를 표현하는 관념의 표현물이었다.

물론 오늘날의 사회는 어떤 의미를 쉽게 공유하기 어렵다. 오래된 의미가 오늘날에도 그대로 작용한다고 하기도 어렵다. 단지 건축에서 장식은 그 사회의 문화를 나타낸다고 하는데, 그 문화를 어느 정도로 나타냈다고 이해해야 하는지 아는 데 중요한 논거가 된다. 그리고 더욱 중요한 것은 형태는 사회의 상징적 의미를 전달하며 비유를 통해 그 의미를 가장 먼저 건축에, 그것도 건축의 형태와 장식으로 나타낸다는 점이다.

장식과 죄악

건축에서 장식을 말할 때 아돌프 로스Adolf Loos의 『장식과 범죄Ornament und Verbrechen』을 빼놓을 수 없다. 그는 문화라는 측면에서 장식을 바라보았다. "문화의 진보란 일상에서 사용하는 물건에서 장식을 없애는 것과 같다." 그런데도 워낙 그의 주장이 강력하게 들려 그 이후에는 '모든 장식은 죄악'으로 받아들여졌다. 그러나 그는 장식을 하지 않고 살아야 할 근대인이 장식을 하는 것은 죄악이라고 했을 뿐, '모든 장식은 죄악이다.'라고 하지 않았다.

　로스는 근대인이 장식이 아닌 다른 것에 몰두해야 한다고 주장했다. 파푸아뉴기니 사람이 몸에 문신을 할 수는 있어도 근대인은 문신을 하면 죄악이 된다. "파푸아인은 자청刺靑한다. …… 그러나 그는 죄를 범한 것은 아니다. 그렇지만 자기 몸에 자청하는 근대인은 범죄자이거나 변질자이다. …… 문화의 진보란 일상적으로 사용하는 물건에서 장식을 벗겨내는 것과 같다. …… 장식이 오늘날의 문화와 유기적인 관계를 맺고 있지 않은 이상, 그것은 이미 오늘날의 문화를 표현하는 것이 아니다."

　근대인은 장식을 고안하는 데 애쓰지 말고 다른 것에 집중해야 하며, 적당하다고 여기는 것에 한하여 옛 문화나 다른 민족이 고안한 장식을 쓰면 된다고 주장했다. "장식이 없다는 것은 정신적으로 강하다는 표시다. 근대인은 자기가 적당하다고 생각하면 옛 문화나 다른 민족이 만든 장식을 이용하면 된다. 근대인은 다른 것에 자신의 창의성과 연구를 집중한다."

　근대를 사는 사람은 댄디dandy해야 하고 장식이 없는 옷을 입어야 한다는 것이다. 댄디란 우아한 복장과 세련된 몸가짐으로 대중에 대한 정신적 우월감을 은연중에 과시하는 멋쟁이를 가리킨다. 댄디한 남자는 어린이와 달라야 하고 파푸아인이나 범죄자와도 달라야 한다. 건축도 마찬가지다. 근대건축이 댄디해야 하는 이유는 장식이 근대인이 극복해야 하는 원시적인 욕망이기 때문이다. 그래서 로스는 19세기에서 20세기, 근대로 옮겨가는 시기에 복장을 "바르게 하는 것"이 아주 중요하다고 생각했다. 옷을 바르게 입는 것은 화려한 장식을 거부하고 가능한 한 눈에 띄지 않는 것이다.

장식이 없는 표면은 벌거벗은 피부가 아니라 장식이 없어진 의복의 결이다. 건축의 표면은 옷을 입듯이 무언가를 덮는 것이지 맨살을 드러내는 것이 아니었다. 그래서 어떤 재료를 덮고 있는 것이 덮인 재료와 똑같게 보여는 안 된다.

소나무를 덮고 있는 것은 소나무가 아니어야 한다. 피부란 그 자체가 신체를 덮는 것이면서 벌거벗은 신체의 일부다. 따라서 피부에 문신을 하는 것은 신체를 옷으로 만드는 것이 되어버린다. 그래서 근대인이 문신을 하면 안 된다. 사진도 마찬가지다. 사진은 그 건물과 똑같이 건물을 피복하는 것이다. 그래서 로스는 사진을 가장 위험한 것으로 보았다.

19세기 말 빈의 건축은 장식 과잉이었고 이것이 건축의 본질을 가리고 있었다. 그는 허식虛飾에 가득 찬 세기말의 빈이라는 도시를 러시아의 예카테리나 대제Екатерина II Алексеевна, Catherine the Great가 행차할 때 캔버스 위에 허구의 농촌을 그려 속였다는 "포툠킨의 도시Potyomkin village"로 비유하며 맹렬히 비난했다. 로스는 공허한 도시와 문화, 실재와 내용이 분리된 허구의 건축을 비판하였던 것이다.

장식에 대한 로스의 진정한 의도는 그가 만년에 쓴 다음 문장에 있다. "나는 인류를 과잉의 장식에서 해방했다. '장식'은 그 이전까지는 아름다움과 같은 말이었다. 내 생애에 걸쳐 주장한 장식은 바로 '열등함'을 의미하는 것이 되었다."[57] 그는 과잉의 장식 또는 허식이 죄악이라 말했다. 쓸데없고 의미가 없는 장식을 생략하면 쓸데없는 노동에서 벗어나게 된다.

"장식이 없다는 것은 그만큼 노동시간 단축과 임금 상승으

로 직접 이어진다. …… 장식은 노동력의 낭비이며 따라서 건강도
해친다. 과거에도 정말 그랬다. 단지 오늘날에는 자재를 낭비하는
것을 의미하게 되었다. 이 둘을 합하면 그야말로 자본의 낭비가
아닐 수 없다."[58]

그는『장식과 범죄』에서 이렇게 말했다. "장식은 이미 우리
의 문화와 유기적인 관계를 갖고 있지 못하다. 우리 문화를 표현
하는 것도 없다. 오늘날 만들어지는 장식은 우리와 아무런 관계
도 없다. 아니, 그렇다기보다 무릇 인간과 관계도 없고 세계의 질
서와도 관계가 없다. …… 옛 예술가는 힘과 건강이 넘쳤고 언제나
항상 인류의 선두에 서 있었다. 그러나 근대의 장식가들은 낙오자
이거나 병든 인간이다. 그들은 3년만 지나면 스스로 자기 작품을
부정하고 말 것이다."

아돌프 로스는 장식 전체를 비판하지 않았다. 다만 근대의
생활과는 거리가 먼 의미 없는 허식, 자의적이며 신기함만을 강
조하는 빈의 문화적 풍토와 건축가 요제프 마리아 올브리히Joseph
Maria Olbrich 등이 주장하는 제체션Sezession, 분리파의 장식을 비판한
것이다. 로스는 제체션의 새로운 장식도 오히려 양상을 더욱 혼란
스럽게 조장한다고 보았다. 이를테면 장식을 사용하여 건축뿐만
아니라 가구, 식기, 심지어는 자신의 부인의 옷까지도 디자인함으
로써 사회적 생활을 개혁할 수 있다고 본 벨기에 건축가 앙리 반
데 벨데Henry van de Velde의 '종합 예술 작품Gesamtkunstwerk'이라는 태
도를 비판했다.

그는 자신이 설계한 '미하엘 광장에 선 건축The House of
Michaelerplatz'을 쓰레기통이나 맨홀 뚜껑과 같은 것이라고 비난하
는 이들을 향해 이렇게 강연했다. "옛날에는 길거리에 유달리 기
념비적인 건물이 있으면 주변 건물은 그 나름대로 눈에 띄지 않
게 점잖게 뒤로 물러서 있었다. …… 어느 한 건물이 웅변하면, 다
른 주위 건물은 침묵을 지켰다. 그런데 오늘날에는 어떠한가? 어
느 건물이나 죄다 큰 소리를 지르고 있다. 그러니 시끄러워서 그
목소리가 잘 들리지 않는 것이 아닌가?"

장식을 제거한 특성 없는 입체 기하학적 형태는 바로 이와 같은 문화 상황 또는 사회와 관련된 비판이었다. 로스에게는 오토 바그너의 마요리카 주택Majolikahaus은 꽃의 옷을 입은 것이 아니라 건물의 피부인 표면에 문신을 새긴 것이었다.

건축물은 옷을 입는 것이라고 보는 견해가 있으면 다른 편에서는 옷을 벗고 있다는 견해도 있을 텐데, 투명한 유리를 많이 사용한 근대건축은 옷을 벗은 건물이었다. 그렇다면 근대건축에는 일체 장식이 없었는가? 그렇지 않다. 장식은 사용되는 재료로 결정된다. 철도역에 나타난 철골과 유리라는 근대의 새로운 재료는 예전에 보지 못한 새로운 장식의 형태를 만들어냈다.

알베르티가 "작품은 벌거벗은 채로 결구되어야 하지만 옷은 나중에 입는다."라고 했듯이 고전적으로도 구조와 장식은 구별되어 있었다. 철도역의 철골과 유리, 미스의 커튼월에 나타난 장식도 마찬가지로 구조에 대한 장식인데, 알베르티 식으로 말하면 구조와 옷이고, 현대적으로 말하면 구조와 피부의 관계다. 건축에서 구조와 장식은 구조가 옷을 입는 것과 같다.

이슬람 건축의 무카르나스muqarnas는 구조체이자 옷이고 장식이며, 골조를 화장하는 아라베스크 장식은 그 자체가 따뜻한 옷이다. 이슬람 건축물의 이런 장식을 보고 장식은 죄악이라고 말할 사람은 아무도 없다. 이스파한Isfahan에 있는 왕의 모스크는 타일로 덮여 있어서 햇빛이 변화하면서 보라색에서 물빛으로, 다시 금빛으로 바뀐다. 구축된 고체인 건물을 장식이 액체로 만들고 기체로 바꾸면서 사람을 감싸고 환상적인 공간을 만들어낸다. 가우디의 사그라다 파밀리에서는 아예 구조와 장식이 구분되지 않는다. 구조와 장식이 하나가 되어 하늘나라를 표상하고 있다. 장식은 옷이다.

장식과 추상

오토 바그너는 빈의 슈타인호프 성당Kirche am Steinhof 준공식에서 있었던 황태자의 태도를 이렇게 전하고 있다. "황태자는 식전의 연설이 끝날 무렵, 뭐라 해도 마리아 테레지안 양식Maria-Theresian style이 가장 아름다운 양식이라고 주장했다. 나는 마리아 테레지아 시대에는 대포와 같은 병기에도 장식을 했지만, 오늘날에는 어느 누구나 그런 장식은 바보 같은 짓이라고 생각하고 있다고 대답했다. 그랬더니 황태자는 한층 화가 나, 내게 시선을 돌린 채 무시하는 태도로 나가버렸다. …… 그러나 황태자의 죽음으로 앞으로 발전할 오스트리아 근대건축에 대한 최대의 장애물이 제거되었다고 해도 좋을 것이다."[59]

이 황태자는 1914년 사라예보에서 저격된 프란츠 페르디난트 대공Archduke Franz Ferdinand이었다. 슈타인호프 성당에서 황태자는 늘 보았던 마음에 드는 장식이 없던 것에 기분이 나빴다. 바그너는 그런 장식이 아무런 의미가 없다고 감히 황태자에게 대들었다는 것이다. 이 일이 있은 뒤 바그너에게 일이 거의 주어지지 않았다. 장식은 눈에 보이는 힘없는 작은 부분이 아니었다. 황태자는 장식을 말하고 있었고 바그너는 추상을 말하고 있었다. 장식은 이 정도로 논쟁거리가 되는 것이었다.

하기야 대포의 장식과 탄환 발포력은 전혀 관계가 없다는 바그너의 생각에 오늘날의 우리는 찬성할 것이다. 그러나 페르디난트 황태자가 말한 것은 대포의 장식이 아니라 건축물의 장식이었다. 대포는 장식으로 아무런 의미를 전달하지 않지만 건축물은 장식으로 의미를 나타낸다. 건축에서 장식의 문제는 이렇게 간단히 사라지지 않는다.

19세기 말 유럽은 산업이 크게 발전하였고 시민계급은 이 발전이 가져다준 경제적인 부를 누리게 되었다. 그들은 이전의 귀족 사회를 동경하며 허영에 빠진 생활을 바라고 꿈꿨다. 건물은 허식에 가득 차고 방은 과거의 양식을 모방한 가구로 가득 차 있었다. "그들의 가정은 거실이 아니라 전당포나 골동품 가게였다. 여기에서 볼 수 있는 것은 전혀 무의미한 장식품에 대한 열광뿐."[60] 세기말 건축의 장식은 부분이 과대해져 안과 밖이 바뀌는 문화 현상과 함께했다.

근대건축 태동기의 미술공예운동Art and Craft movement은 예술에 사회와 인간의 생활을 담으려 한 근대 최초의 자의식적인 운동으로 기쁨에 가득 찬 인간의 생활에 생명의 미를 도입하고자 했다. 이들도 장식을 중요하게 여겼다. 그들에게 장식은 구조에 부가되는 첨가물이 아니라 구조를 강조하는 것이었다.

19세기 말과 20세기 초에 유럽에서 유행했던 예술 양식의 총칭인 아르누보는 중세라는 이상에 자기 자신을 그린 장식과 환상을 대입했다. 미술공예운동이 생활과 수공예의 중세를 그린 것이라면, 아르누보는 생활과 수공예와 개인적 환상을 그렸다. 사회의 이상이라기보다는 개인의 이상을 우선하는 예술, 그러면서도 역사로부터 모티프를 구하지 않는 예술, 이것이 바로 아르누보 예술의 본질이었다.

건축가 아서 맥머도Arthur Heygate Mackmurdo가 크리스토퍼 렌의 시티 교회Wren's City Churches를 위해 그린 도서 표제지는 아르누보의 전형적인 예로 잘 알려져 있다. 이 디자인에는 식물이 가늘게 S자형으로 굽이치는 곡선이 전체를 가득 메우고 있고, 극단적인 윤곽이 조형의 통일을 이루고 있다. 그리고 르네상스적인 원근법 공간이 아닌 극도로 압축된 평면성과, 흑색과 백색이 교차하는 여백의 공간, 그리고 이국 취미의 분위기가 강조되어 있다.

벨기에 건축가 빅토르 오르타Vitor Horta가 1892년 건축한 타셀 주택Hôtel Tassel은 이러한 회화적인 태도가 최초로 건축에 반영된 예다. 3차원의 자유분방한 곡선이 구조에 얽혀 건축의 구조체를 나무의 생명력으로 치환한 것처럼 표현했다.

이와 같은 아르누보의 조형과 장식은 견고한 물체와 공간의 구별을 없애고 면과 볼륨, 피막과 팽창감으로 공간을 균질하게 만들기 위함이었다. 그들에게는 견고한 물체가 중요하지 않았다. 망막에 비친 시각적인 형태가 더 중요했다.

그 이유 중 하나는 근대건축 양식이 성립되기 직전에 유럽에 성행하고 있었던 장식 과잉의 조형에 대한 반발이다. 아르누보는 곡선 모티프의 장식을 건축, 가구, 의상, 장신구, 상업미술 등 모든 분야에서 두루 사용했다. 그러나 아르누보는 장식이 성립하는 데 없어서는 안 되는 문화적 배경 없이 창안되었다.

1892년 뮌헨에서 일어난 제체선 운동은 아르누보나 유겐트 스틸의 영향을 받으며 그것을 20세기의 것으로 진전시키려 한 움직임이었다. 그중에서도 빈에서 일어난 빈 제체선이 가장 유명한데, 그들은 올브리히가 설계한 자신들의 전용 전시관을 만들었다. 이 건물에도 장식은 매우 중요했다.

그들의 전용 전시관 건물은 위에 3000장의 월계수 잎과 700개의 나무 열매로 구성한 커다란 금색 구를 올려놓고, 현관 주변에는 그리스 신화에 나오는 고르곤 세 자매와 뱀, 부엉이, 거북이와 같은 상징적 동물로 장식했다. 벽면에는 그들의 기관지 《성스러운 봄Ver Sacrum》 창간호를 위해 알프레트 롤러Alfred Roller가 그린 그림처럼, 과거의 굴레를 상징하는 화분을 헤치고 새로이 뻗어나는 나무를 그려 넣었다.

그럼에도 그들의 건축을 보면 극히 기하학적인 구성 속에 침묵이 잠재하고 있었다. 구스타프 클림트Gustav Klimt가 제작한 제1회 분리파 전시회 포스터를 보면 화면의 대부분은 장식이 없는 장방형의 공백으로 처리되어 있었다. 주제는 장식이 아니라 추상적 형태의 공백과 희박한 존재감이었다. 이와 같은 공백과 면의 추상성은 그들의 스승인 오토 바그너의 건축에서 완성되어갔다. 바그너는 다른 한편으로 점차 장식에서 벗어나 순수한 면과 공간적 볼륨을 추구함으로써 근대건축을 선도한 인물이기도 했다.

이처럼 장식이 서서히 사라지고 근대건축이 원하는 추상적인 조형의 세계로 나아가게 되었지만 그렇다고 장식이 사라지는 것은 아니다. 추상적인 조형에서는 옛 양식에 있던 장식이 사라진 것처럼 보일지라도 장식은 추상적 조형 속에서 또 다른 옷을 입고 다시 생겨나게 되어 있다.

미국 건축사가 헨리 러셀 히치콕Henry-Russell Hitchcock과 건축가 필립 존슨Philip Johnson은 『국제주의 양식The International Style』[61]에서 이전의 건축에 있던 장식적인 세부를 지워야 한다고 말했다.

이들은 '볼륨의 건축architecture as volume' '규칙성regularity' '장식 부가의 기피the avoidance of applied decoration' 등 세 가지를 국제주의 양식의 원리로 들었다. 이들이 장식의 기피를 말할 때, 장식은 'ornament'가 아닌 'decoration'을 뜻했다. 장식은 근대의 일관성 있는 구조 방식과 표준적인 디테일 구법과 깊은 관계가 있었다.

그렇기 때문에 세 번째 원리인 '장식 부가의 기피'는 개정판에서는 '구조의 분절'로 바뀌었다. 그들은 장식을 기피한 이유가 정밀한 장식을 만들어내는 장인의 기량이 쇠퇴한 데 있다고도 보았으나, 정확한 설명이라고 할 수는 없다.

장식은 문화적인 의미를 가진 것이며 무언가를 연상하게 해주는 것이었으나, 근대건축은 장식이 배제된 조형을 계속 추구하고 형태의 연상 작용을 배제했다. 장식이 성립되던 문화적인 기반이 생산과 소비의 논리가 지배하는 공업 사회로 이행하고 있었고, 이에 건축을 만드는 방식도 크게 변했다. 종래의 조적구조 건축물은 돌과 벽돌이라는 부재를 한 켜 한 켜 쌓으면서 만들어지므로 그 자체가 건물의 의미를 줄 수 있었다. 고딕 건축의 복잡한 단면도 돌의 줄눈을 빗물로부터 보호하기 위해서 만들어진 것이지 그저 모양을 내기 위함이 아니었다. 기둥과 보로 이루어지는 목조 건물에도 장식은 쉽게 많이 만들어진다.

그러나 근대에 들어 철근 콘크리트 구조와 철골 구조라는 일체식 혹은 골조를 만든 뒤 두께가 얇거나 투명한 외장을 붙이면서 표면은 점점 더 평활해졌다. 이런 이유에서 일체 구조 등에서 장식이 들어설 자리가 줄어들었다. 다만 테라코타만은 외장으로 할 때 장식이 생겼다. 대형 타일의 블록인 테라코타는 형틀로 대량생산되어 돌보다 가볍고 다루기 쉬우며 그다지 크지 않아서 같은 모양이 반복하여 나타난다. 설리번이나 프랭크 로이드 라이트가 테라코타를 즐겨 사용한 이유다. 그러나 테라코타를 마지막으로 근대건축에서 장식은 사라져버렸다.

현대건축의 장식

20세기 초 근대주의자들은 유리와 같은 투명한 재료를 사용하여 저 속에 있는 깊은 공간과 표면 사이의 긴장, 공간이나 구조 그리고 기능을 동시에 전하려 했다. 그렇지만 이것은 어디까지나 건물의 내부와 외부를 구분한 것이었다. 포스트모던 건축에서는 투명한 유리 대신에 데코르를 사용했다.

그러나 오늘날에는 이전 방식이 적용되지 않는 건물이 많이 나타났다. 백화점, 쇼핑몰, 복합 영화관, 도서관, 미술관 등은 내부와 외부의 어떤 관계를 필요로 하지 않는다. 이런 건물 모두 바깥과의 소통을 필요로 하지 않는다. 게다가 현대의 기술로는 예전과는 달리 대규모의 내부 공간이 닫힌 채로 환경이 조절된다.

건축가는 내부를 설계하기보다는 외부의 윤곽을 설계하는 일이 더 많아졌다. 여기에 에너지를 절감하는 친환경 설계도 강력하게 요구되기 때문에 투명한 유리만으로는 문제를 해결할 수 없게 되었다. 이렇게 건물의 표현은 내부와 무관해지면서 도시를 향한 표현이 커졌고, 건축물은 외부와 상징적인 소통이 점점 더 어려워지게 되었다.

그러나 오늘날 건축에서는 더 복잡한 패턴의 장식이 나타나고 있다. 이는 장식을 새롭게 정의하면서 만들어진 것은 아니지만, 패턴의 색채, 패턴의 물질, 패턴의 구조와 조합으로 표현되고 있다는 점에서 새롭게 나타난 또 다른 장식이다.

이 장식은 새로운 결구 방식과 기술, 생산 과정이 다양한 소재로 표면에 직접 통합되었다. 이 장식은 디지털 기술과 컴퓨터 모델링으로 요소를 픽셀화하고 프랙털화하며 무수한 구멍을 상대적으로 배열하여 가상적인 연속 표면으로 되어 있다. 이 패턴은 아름다움 자체를 위해서도 아니며 포스트모던에서 강조했던 것과 같이 그래픽하게 의미를 전달하기 위한 표면을 넘어선다. 내외부 환경에 대해 수행적이며 유용한 정보를 주어 많은 사람들이 직접 감각적으로 공유할 수 있는 환경을 만드는 새로운 장식이다.

현대건축은 재현, 표상, 연상은 과거의 것이며 장식은 이것을 전달해주기 때문에 장식을 멀리하는 듯 보인다. 이런 입장에서 서서 건축가 파르시드 무사비Farshid Moussavi와 마이클 쿠보Michael Kubo는 『장식의 기능The Function of Ornament』[62]이라는 책에서 현대건축의 장식을 종합적으로 다루었다.

이들은 연상, 상징이 아닌 기능에 기반을 둔 장식이 오늘날 건축의 장식이라고 주장한다. 오늘날의 건축에서 패턴은 빛을 조절하고 벽을 조립하며 구조체나 빛을 확산하는 벽과 천장에 기반을 두어 만들어진다. 이것은 물체, 구조, 공간 등이 장식과 명확하게 구분된 근대건축과도 다르고, 또 커뮤니케이션을 위한 것과도 다르다.

또 이들은 장식으로 경험하는 "정서affect"라는 개념을 도입하여 오늘날의 새로운 장식을 설명한다. 정서적인 장식이란 상징이라고 사회가 공유하고 있는 바에 구애받지 않고 개인이 자유롭게 직접 경험하는 장식이라는 뜻이다. 그러나 과연 그럴까?

미스 반 데어 로에조차도 시그램 빌딩Seagram Building에서 철골구조가 돋보이게 하려고 커튼월에 아주 세심한 구조를 시각적으로 표현하는 장식인 멀리온mullion을 덧붙였다. 표면적으로는 장식을 기피한다고 했으나, 전혀 다른 방식으로 장식은 계속되었으며 장식의 대량생산을 상징한 것이다. 장식은 이렇게 피할 수 없는 형태다. 형태 생성morphogenesis이라는 용어는 생명과학에서 나왔다. 생물학으로 연상된 개념을 건축에 도입한 것이며, 에너지 절감이라는 지속 가능한 건축도 자연과 화해하는 건축의 상징적 환경에 관한 것이다.

미스가 설계한 바르셀로나 파빌리온Barcelona Pavilion에는 내외부에 위아래 대칭을 이룬 돌의 자연스러운 문양이 있는 오닉스onyx 벽이 장식되어 있다. 이 오닉스 벽은 빛을 받아서 공간에 빛을 분산하는 역할을 하고 있다. 또 이 벽의 돌은 물질인데도 그 안에 비물질적인 형상을 담고 있다. 그럼에도 이 불규칙하고 복잡한 오닉스의 문양은 수평축으로 대칭 배열하여 내부를 정적으로 만든다.

자크 헤르초크Jacques Herzog와 피에르 드 뫼롱Pierre de Meuron이

설계한 독일에 있는 에버스발데공업학교 도서관Eberswalde Technical School Library은 콘크리트 표면에 이미지가 새겨져 있고 유리창에 실크스크린이 있다. 이미지는 떠처럼 반복되며 건물을 감싼다.

미리 찍어낸 콘크리트 패널의 표면을 산으로 점을 찍듯이 부식시키고, 독일인의 생활상을 담은 신문의 사진 이미지를 수평 방향으로 건물을 빙 돌며 새겼다. 긴 방향에는 스물 네장, 짧은 방향에는 아홉 장 해서 모두 예순여섯 번 같은 것을 복사했다. 사진도 부분이고 패널도 부분이어서 전체는 부분이 집적한 것으로 느껴진다. 장식의 과잉이다.

수평의 긴 유리창에도 실크스크린을 하여, 콘크리트와 창은 전혀 다른 요소인데도 바탕색만 달리한 스크린의 종류처럼 사물의 이미지를 바꾸어놓았다. 콘크리트 패널과 창문이라는 피부에 문신을 한 것이다. 문신과도 같은 장식을 맹비난한 아돌프 로스가 에버스발데공업학교 도서관 건물을 보았더라면 어떻게 말했을까. 노발대발했을까?

투명한 것은 가볍게 느껴지고 불투명한 것은 무겁게 느껴진다. 그러나 이것은 위장이 아니다. 투명하고 약하다는 유리의 의미는 무겁게, 무겁고 거칠다는 콘크리트의 의미는 가볍게 달리 사용하고 있는 것뿐이다. 그러나 사진은 비물질인 이미지이고 콘크리트 패널은 물질인데, 사진이 콘크리트 패널에 과거의 장식처럼 덧붙여진 것이 아니라 비물질과 물질이 서로 새겨져 있다. 미스의 바르셀로나 파빌리온의 오닉스 벽면도 이와 같은 효과를 가진 것이다.

미국 캘리포니아주 나파밸리에 위치한 헤르초크와 드 뫼롱의 또 다른 작품 도미너스 이스테이츠Dominus Estates 와이너리는 철물로 만든 망에 거친 돌을 집어넣은 개비온gabion이라는 재료를 사용했다. 이 개비온에 담긴 돌들은 사이사이에 빈틈이 많은 돌의 모습이 그대로 있다. 때문에 이 돌들은 전체의 질서 속에 있지 않다. 개비온의 패턴은 본체이면서 부분이고 부분이면서 덧붙여진 것이 아니다. 개비온의 느슨한 틈 사이로 바람과 빛이 들어오고 그 자체가 패턴을 만들어낸다. 무수한 비물질의 빛과 물질의 돌은 서로 동등하다. 에버스발데공업학교 도서관에서와 같이 비물질의 빛 이미지와 물질인 돌은 서로에게 덧붙여진 것이 아니라 비물질과 물질이 서로에게 새겨지면서 교차하는 새로운 장식의 모습을 드러내고 있다.

프랑스 뮐루즈Mulhouse 리콜라 공장 건물Ricola Europe SA Factory and Storage Building에는 인쇄된 반투명 폴리카보네이트 패널에 카를 블로스펠트Karl Blossfeldt의 나뭇잎 사진을 실크스크린하여 반복하여 장식했다. 대지 주변 나무와 관목과의 관계를 내부에서도 느끼게 하기 위함이었다. 카이샤포럼 스페인에서 증축한 코르텐강 외벽은 부식한 듯한 무수한 구멍에 나뭇잎 같은 장식을 두어 내외부에서 생생한 빛의 효과를 느끼도록 했다. 장식이 내외부에 공간적인 현상을 일으키게 한 예다.

스위스 건축가 페터 춤토어Peter Zumthor의 독일 콜룸바 미술관Kolumba Museum은 형태가 단순하다. 근대건축의 입장에서 보면 이 입체에 모든 장식이 배제되어 있다고 볼 수 있을 것이다. 그러나 이 미술관은 외벽의 일부를 남아 있는 옛 고딕 성당의 단편과 결합하기 위해 높이와 길이가 다른 회색 벽돌로 구멍이 송송 뚫린 장식을 가진 단순 형태로 만들었다. 브라더 클라우스 경당 Brother Klaus Field Chapel의 벽에 박은 유리알은 외벽뿐 아니라 내부에서도 작은 구멍을 통해 빛을 내는데, 이는 단순 형태에 대한 장식이다. 베이징올림픽 주경기장Beijing National Stadium에서는 통합된 장식이 구조의 일부가 되기도 하고, 수영장 워터 큐브Water Cube에서는 파사드와 내부 공간 전체에 물방울을 표현했다.

결과적으로 장식은 상징적으로 작용한다. 재료가 무엇이고 기능이 어떤 것이라고 할지라도 상징적인 동기는 형성되고 형상으로 읽힌다. 따라서 장식은 기능에 대한 해답이 아니다. 장식은 기능과 전혀 다른 속성에 속한다. 또 장식은 어딘가에 덧붙여지는 하찮은 것이 아니다. 장식은 건축 그 자체의 조건이다.

기억

집단 기억

독일 철학자 알라이다 아스만Aleida Assmann은 저서 『기억의 공간Erinne-rungsräume』[63]에서 '집단 기억collective memory'을 역사와 대비하여 말한다. 역사는 모든 사람의 것이며 누구의 것도 아니다. 역사는 아이덴티티에 대해 중립적이며, 특정하게 떠맡은 사람이 없다. 역사는 집단 기억과 달리 과거가 우선이다. 그래서 역사는 현재와 미래로부터 과거를 끊어낸다.

역사는 무엇이나 관심을 가지고 모든 것이 똑같이 중요해서 기억의 소유자가 없어진 문건을 보관하는 장소다. 이처럼 역사는 이전을 기억하는 한 가지 방식이지만 지금을 살아가는 사람으로부터 우러나온 기억이 아니다.

그러나 '집단 기억'은 개인이나 공동체가 실제로 경험한 것이며 그들에게 귀속한다. 집단 기억은 개인이나 공동체의 아이덴티티를 확보해준다. 이 기억은 살아가며 얻는 기억이며 집단, 기관, 개인 등 누군가 떠맡는 사람이 있다. 집단 기억은 과거, 현재, 미래에 다리를 놓아준다. 그리고 어떤 부분은 생각이 나지만 어떤 부분은 잊어버리며 선택한다. 집단 기억은 개인과 강한 관계가 있으며 이것을 이야기로 만든 것이다. 개인의 기억이 공동체에 결부되기도 하는 기억이다.

책상 앞에서 글을 쓰다가 서가에 있는 어떤 책을 참고하면 되겠다고 생각했는데 갑자기 좋은 생각이 떠올라 한참 글을 써내려가다가 서가 쪽으로 몸을 옮기고 나니 조금 전 내가 무슨 책을 떠올렸는지 생각이 나지 않을 때가 있다.

그러면 다시 앉았던 자리로 돌아와 만지던 물건에 손을 대는 등 그 전에 했던 행동을 다시 해보면 내가 찾던 책이 어떤 것이었는지 기억 날 때가 있다. 가끔 이렇게 본래 자리로 되돌아간다. 이처럼 장소와 사물은 기억을 되살려준다. 개인과 공동체의 기억도 이렇게 건축과 도시에 의존하고 있다.

다섯 살 때 미아가 되어 15년 동안 자신이 어디에서 왔으며 부모는 누구인지 전혀 기억이 없는 한 여성이 기억 속에 남은 방, 대문, 개집, 골목, 마당, 염전, 기찻길 등의 단편을 단서로 결국 자기가 살던 곳을 찾아내고 먼 가족과 동네 이웃과 만나게 되었다는 이야기를 방송에서 본 적 있다.

몇 조각 안 되는 건축물과 환경의 단편이 희미한 기억 속 단서가 되어 자신의 고향을 찾아간다는 것은 결국 그 사람의 정체성을 찾아가는 것이었다. 과연 도시의 단편은 무엇인가? 그것은 기억을 담고, 기억은 시간을 회복하여 한 인간의 정체성을 다시 얻게 해주는 건축과 사물의 일부다.

사람의 기억은 시간이 지나면서 점차 사라진다. 그런데 사람은 언제 무엇을 했는지는 잘 기억하지 못하지만 어디서 누구와 함께 있었다는 것은 잘 기억한다. 언제 일어났는지는 잘 기억하지 못하지만, 사람과 사건과 장소를 통해 더 많은 것을 연상하여 경험한 모든 기억에서 유추해낸다.

사람은 건축의 장소와 그곳에서 일어난 사건으로 유추함으로써 더 많은 것을 기억한다. 그다음 또 다른 것을 짐작하고 이해하게 된다. 이 기억은 개인의 기억만이 아니다. 건축과 도시는 개인으로도 살아가고 공동체로도 살아가므로, 당연히 개인과 공동체의 집단 기억이 저장되는 곳이다.

영화를 보는 체험이란 집단 기억을 창출하는 체험과 유사한 데가 있다. 사람들은 영화를 볼 때 모든 것을 기억하지 못하고 많은 것을 지나쳐버린다. 게다가 영화를 선형적으로 파악하며 스스로 이야기를 만들어낸다. 건축의 기억도 마찬가지여서 과거는 현재에, 현재는 과거에, 그리고 미래는 과거로 다리를 놓아주며 선택적으로 집단 기억을 만든다.

유추적 건축

'유추analogy'란 같은 종류나 비슷한 것에 기초하여 다른 사물을 미루어 일치하는 바를 알아내는 것이라고 앞서 말했다. 예를 들어

오래된 술일수록 맛도 좋고 향기도 진하듯, 지식도 오래된 지식이라야 더 가치 있다는 표현은 논리적이지는 않지만 유추와 관련이 있다. 연상 작용으로 더 새롭고 많은 이해를 이끌어내는 것이다.

기억과 꿈은 유추에 근거하며 지배하는 장이다. 이러한 장에는 유추만 있다. 바로 이런 이유에서 알도 로시의 건축을 '유추적 건축analogical architecture' '유추적 도시analogical city'라고 부른다.

"나의 건축에서는 사물이 고정되어 보이지만, 최근 작품에서는 기억, 더욱이 연상이라는 어떤 특성이 많아지고 더 분명해져서 종종 보이지 않는 결과를 낳게 됨을 인식한다. …… 이런 '유추적 도시' 개념이 유추의 정신을 더 정교하게 만들어서 '유추적 건축'이라는 개념으로 향하게 되었다."[64]

도시를 건축이라고 생각하면 도시는 시각적인 이미지이자 건축이 모인 것일 뿐만 아니라 시간과 더불어 형성된 구조물이다. 또 건축은 도시와 함께 건설되며 따라서 성격상 집단적인 것이다. 건축은 사회에 구체적인 형태를 준다. 로시는 피렌체라는 도시가 구체적인 형태의 도시이며 이 도시의 기억과 이미지는 또 다른 경험을 불러일으키고 가치를 표상한다고 말한다. 이는 피렌체에만 해당되는 것이 아니다.[65]

그런데 도시는 변화하면서 지속한다. 기능은 원인과 결과에서 나온 것이지 지속되지 않는다. 지속하는 것은 형태다. 법원으로 쓰이던 이탈리아 파도바Padova의 팔라초 델라 라지오네Palazzo della Ragione를 보더라도 건물에서 과거의 형태를 경험할 수 있다. 그 물리적인 형태는 그동안 다양한 기능을 수용해왔으며 지금도 계속 기능을 수행하고 있다.

건축의 형태란 이런 힘을 갖고 있다. 그는 알람브라 궁전도 언급하며 이 건축물에는 무어인도 없고 카스티야 왕족도 살지 않으며 더욱이 도시 안에 고립되어 있음에도, 이 형태에는 다른 무언가도 덧붙일 수 없을뿐더러 도시에서는 없어서는 안 되는 형성물이 되어 있다고 말한다.

따라서 건축이라는 도시의 구조물은 물리적으로나 상징적

으로 기념물과 비슷한 데가 있다. 왜 그럴까? 오직 이러한 건축물의 형태 때문이다. 도시에서 지속하는 것은 건물의 형태다. 도시는 변화하면서 진화하므로 도시의 형태는 언제나 도시와 함께해온 시간의 형태가 된다. 그러면 그 시간이란 무엇일까? 그것은 기억이고 기억은 유추된 것이다. 이것이 로시가 말하는 '유추적 도시' '유추적 건축'의 논리적인 골자다.

개인이 개인의 기억을 가지고 있듯이 집단도 공동의 기억이 있다. 사람들의 집단이 공동의 기억, 집합적인 기억을 해낸다는 뜻이다. 프랑스의 철학자 모리스 알박스Maurice Halbwachs는 집단 기억을 말했는데, 알도 로시도 이를 집단 기억이라는 말로 설명했다. 도시는 그곳에서 일어나는 무수한 의미, 이미지, 오브제에 대한 집단 기억이 집적되는 장이 된다.

기억에 작용하는 유추는 사람의 삶에 심층 심리로 이어진다. 따라서 도시에서 사람들의 집단 기억을 불러일으키는 것은 기억의 장이다. 건축의 공간이 풍부해진다는 것은 이런 기억의 장소가 풍부하다는 의미이다. 도시에서 건축물은 단편화된 기억을 떠맡는 형상이다.

로시는 '유추적 도시'라는 개념을 제시하고 도시 형태를 도시 생활자의 집단 기억과 그 연상 작용으로 기술하고자 했다. 무라토리Muratori 학파의 유형학typology 방법론을 통하여 도시를 역사적 형태의 '직물'로 보고, 건축가 개인의 상상력으로 돌아갈 것이 아니라 건축 형태의 공통적, 집단적인 성격에 주목해야 한다고 강조했다.

로시가 말하는 유추된 장소는 실제의 장소가 아니며, 유추된 시간은 역사이며 기억이다. 그는 카날레토Canaletto로 잘 알려진 조반니 안토니오 카날Giovanni Antonio Canal이 1759년에 그린 〈팔라디오가 설계한 다리의 카프리치오Capriccio con edifici palladiani〉로 유추된 장소와 시간을 설명했다.

그런데 이 그림에는 팔라디오가 베네토Veneto에 설계한 바실리카와 팔라초 키에르카티Palazzo Chiericati와, 계획안으로 끝난 리알토 다리Ponte di Rialto를 실재하지 않는 운하 위에 그렸다. 서로 다른 장소에 있는 세 건물을 모아서 전형적인 베네치아의 풍경을 만들었다. 그러나 베네토 사람이 이 그림을 본다면 자신이 살고 있는 베네토가 그려져 있다고 느낄 것이다. 어떻게 이것이 가능할까? 건물의 형태와 유형이 그렇게 유추하게 하기 때문이다.

알도 로시는 『과학적 자전A Scientific Autobiography』에서 "도시는 극장이고 모든 사람은 그것을 연기하는 배우다."라고 했다. 수십 년 동안의 자기 인생과 기억을 되돌아보며 나타나고 사라지는 건축물의 형태를 떠올리게 된다는 뜻이다. "도시 그 자체는 도시민들의 집단 기억이고, 도시는 기억처럼 대상이나 장소로 연상된다. 도시는 집단 기억의 장소locus다."[66] 건축 형태의 유형은 사람들의 '집단 기억'을 낳는다.

기념비성
미래의 공감

과거의 기억을 미래에 남기기 위해 기념비를 만든다. 당연히 건축만이 기념비가 되는 것은 아니다. 모뉴먼트monument라는 말이 있다. 일반적으로 기념비紀念碑라고 번역한다. 건축의 경우에는 '기념적 건조물'이라는 말을 사용한다.

모뉴먼트는 본래 무덤을 뜻했다. 이 단어는 생각하고 기억하게 하는 구조물을 의미하는 라틴어 'monumentum'에서 나왔다. 또 이 말은 꾸짖고 경계하며 조언한다는 뜻을 지닌 라틴어 'monēre'에서 나왔다.

기념비나 기념물이란 그 물체가 계속 존재하며 어떤 인물, 행위, 시대, 사건 등을 상기시키고 이를 후세에 전하는 구조물이거나 건조물이다. 어떤 사건이 미래에 생각나도록 건립된 오브제가 모뉴먼트다. 건축은 기억과 이어지고 시간을 지속시켜준다. 이때 가장 오래된 형식은 묘다.

그러나 사람들은 미래에 망각될까 불안해서 기념비를 세우는 것이 아니다. 미래가 아닌 오늘 이날을 기념하고자 비를 세우

고 건축을 세운다. 기쁨의 시작이나 불행한 일 뒤에 강하게 일어
나는 감정을 이미 세상을 떠난 사람들에게 향할 뿐만 아니라 동
시대 사람들과 공유하고 싶어서, 그리고 나서 미래 사람들에게
공감을 얻으려는 기대 때문에 기념비를 세운다. 그렇지만 기념비
를 세웠다고 금방 기억을 전하고 감정을 불러일으킬 수 있는 것
은 아니다. 모뉴먼트의 형용사인 모뉴멘털monumental은 '기념비적'
이라는 뜻이다. 부동성, 불변성, 그리고 영원성, 장대함 등이 기념
비성monumentality이 된다. 그래서 서양 건축에서 중요도가 높은 건
물을 모뉴먼트라고 한다.

오래전부터 건축이라는 말에 들어 있는 영속성에 대한 생각
은 건축의 장수명화나 내구성을 말하는 게 아니다. 건물은 공간
적으로는 하나의 장소에만 존재하지만, 건축이 안고 있는 시제는
현재만이 아니다. 건물은 시대의 바람을 장소에 적는다. 기념비는
형태와 그 의미에 관한 것이며 공간에 관한 것이 아니다.

권력과 기념비

종교적인 것이든 국가 체계를 표현하는 것이든 본래 기념비인 건
축은 권력자의 힘을 과시했다. 고대 이집트의 피라미드나 중세 유
럽의 성, 로마의 대수도교, 오벨리스크나 탑처럼 권력은 오랜 역사
속에서 모뉴먼트의 모티프가 되어 왔다. 모두 그것에 쏟은 노동력
을 과시하며 국가의 열망을 표현했다.

로마 사람들은 특정한 사실이나 인물을 기념하고 표창하기
위해 기둥, 묘, 문 등을 세웠다. 기념 기둥이나 묘는 로마의 독자적
인 것이다. 이것들은 건축 복합체의 일부가 되거나 도시 속에 들
어와 있었다. 기념물은 도시의 출입구나 주축을 이루는 가로가
꺾이는 지점 등 중요한 지점에 세워져서 도시의 경관을 만드는 데
중요한 역할을 했다.

제들마이어가 언급했듯, 18-19세기에 이르러 시대의 주제가
되는 건물이 종교 건축과 궁전 건축에서 도서관이나 박물관 등
공공 건축으로 변화했고 기념비가 크게 성행했다. 19세기에는 국

민국가 체제로 이행하고 있었다. 특히 19세기 건축은 민족과 국가의 문화적인 정체성을 상징하는 역할을 했다. 때문에 신고전주의 건축이 근대화하는 국가와 정치 체제 그리고 새롭게 정비되는 도시를 표상하고 아물러 문화적인 원천을 연상할 수 있게끔 기념비적인 성격을 강조하는 데 많이 사용되었다.

20세기에 들어 근대의 합리주의는 기념비를 부정했다. 그러나 제2차 세계대전이 발발하기 전 나치와 파시즘은 민족주의를 표상하며 건축으로 민족의 위대함을 상징했다. 건축의 기념비성은 국가와 정치가 가장 많이 이용했다.

아돌프 히틀러Adolf Hitler가 만드는 도시에서는 사람들이 대거 이동하며 기념비적인 대회당이나 그곳에 이르는 축선 도로를 만들었다. 히틀러는 사물이 커지고 기념성을 가지는 것에 대해 다음과 같이 말했다. "왜 언제나 가장 큰 것인가? 바로 내가 독일 사람 한 사람 한 사람에게 자존심을 되돌려주기 위해서다." 건축물은 국가가 지니는 힘의 상징이었고, 거대한 건축은 국민에게 자신감을 불러일으켰다.

그러나 건축의 기념비성은 국가가 의도적으로 만들어낼 수 있는 것이 아니다. 전후에는 국가를 상징하는 건축은 기피되었다. 오늘날에도 기념비적 건축이라고 하면 과거의 어떤 특정한 순간을 떠올리게 되는데, 이러한 역사적 경과가 있었기 때문이다.

그럼에도 제2차 세계대전이 끝날 무렵 근대건축을 이끌던 인물들이 〈새로운 기념비성의 필요The Need for a New Monumentality〉[67]를 논의했다. 도시의 중심에 공동체를 묶어낼 만한 건축물을 어떻게 만드는가가 중요해졌기 때문이다.

스위스 건축사가 지그프리트 기디온Sigfried Giedion 등은 〈기념비성의 아홉 가지 요점Nine Points on Monumentality〉에서 다음과 같이 말했다. "기념비는 이상과 목적, 그리고 행동을 위한 상징으로 만들어내는 인간의 랜드마크다. 기념비는 그것을 고안한 시대보다 더 오래가고 미래 세대에게 남기는 유산이 되도록 의도된 것이다. 그렇게 하여 기념비는 과거와 미래를 이어준다."[68] 기념비성을 국가의 권위 등으로 파악하지 않고 도시의 중심이 도시를 상징한다고 본 것이다.

미국의 문명 비평가 루이스 멈퍼드Lewis Mumford는 1949년 논문 〈모뉴멘털리즘, 상징주의, 양식Monumentalism, Symbolism and Style〉에서 기념비에 대해 "지금 바람직하지 않은 많은 은유, 곧 무의미한 장대함, 의도적인 진열, 지나친 인상 등을 가진 것"이라고 말했다. 루이스 멈퍼드는 이러한 입장에서 프랭크 로이드 라이트는 "정직한 정통성에 대하여 기념비적인 정통성"이지만, 1920년대 국제주의 양식이 낳은 전형적인 기념비는 "하얗게 칠한 묘석"이라고 비난했다.

시간의 숙고

아돌프 로스는 건축에서 예술이 될 수 있는 것은 묘나 기념비뿐이라고 말했다. 기능을 수행하는 건축은 예술에 속할 수 없다는 것이다. "숲속을 걷다가 길이 6피트, 폭 3피트 정도 크기의 흙으로 쌓인 피라미드 모양을 만났다고 하자. 우리는 그것을 보고 옷깃을 여미는 기분에 사로잡힌다. 그것은 우리 마음속에 말을 건다. '여기에 누가 누워 있어요.'라고. 이것이 건축이다."

건축은 주택과 묘 또는 기념비로 크게 나뉜다. 이는 무엇을 말하는 것일까? 건축에는 주택처럼 공간에 관한 것이 있고, 묘와 기념비처럼 시간에 관한 것이 있다는 말이다. 따라서 로스의 말은 결국 공간이 개입하는 쓰임새의 건축과, 기억을 위해 시간이 개입하는 건축이 있다는 뜻이다.

아돌프 로스의 말에서 중요한 것은 묘와 기념비, 건축과 예술이 아니다. 가장 중요한 것은 "그것을 보고 옷깃을 여미는 기분에 사로잡힌다."라는 말의 본뜻이다. 실용성, 이익, 쾌적함, 개인적인 표현 앞에서는 옷깃을 여밀 필요가 없다. 사람은 기억과 회상이라는 시간 앞에서만 옷깃을 여민다. 기념성과 기념비성은 건축의 전혀 다른 모습이다.

건축은 그 어떤 것도 만들어낼 수 없는 산 이와 죽은 이의 만남까지 미리 체험하게 만든다. 따라서 이런 건축은 시설을 설계하는 것이 아니다. 그것은 삶과 죽음이 어떤 연관을 가졌는지 숙고하게 만들며 과거와 현재와 미래를 연결한다. 이처럼 건축은 때로는 사람을 숙고하게 한다. 아니, 숙고하기 위해 사람은 건축을 만든다.

만일 사람에게 이런 목적이 없다면 우리 안에 '기념비'라는 것이 있을 리 없다. 아무리 기념비의 모양을 갖추었어도 사람을 숙고하게 만들지 못하는 건축물은 기념비가 되지 못한다. 건축은 삶과 죽음 그 자체가 아니므로 건축의 재료가 이러한 관념을 시적으로 드러낼 따름이다. 이것이 '기념비성'이다. 따라서 기념비 또는 기념비적인 건축은 표현하는 것express이라기보다는 드러내는 것reveal이라고 해야 한다.

사회적 기념비

루이스 멈퍼드는 기념비에 대해 이렇게 이야기했다. "기념비는 추상적인 형태가 아닌, 그것에 담긴 사회적인 의도에서 더 잘 표현된다. 기념비는 눈을 즐겁게 하고 정신을 뒷받침한다. 과거를 위해서가 아니라, 앞으로의 세대, 앞으로의 시대를 위해서."

그에 따르면 건축에서 논의되어야 할 '기념성'이란 반드시 무언가를 기억하게 하는 것, 사회 전체의 공통적인 의도가 담긴 구조물을 말한다. 그렇다면 여기서 중요한 것은 무엇일까? 건축물이 '기억해야 할 사회 전체의 공통적인 의도'가 무엇인지 생각하고 건축으로 표현하는 것이 기념비적인 건축이며 모뉴먼트다.

기념비는 과시, 권력, 자존심, 위대함, 거대함이 아니다. 오늘날 건축에서 기념성은 우리들의 기억과 이어져 앞의 세대에서 뒤의 세대로 전해지는 성질을 가진다. 따라서 기념비적인 건축물은 앞날에 기억되리라고 바라는 것, 지속하기를 바라는 것, 영원에 대해 기대하는 것, 사라짐에서 자유로워지려는 것을 형태 안에 포함하는 것이다. 우리가 파르테논을 아테네에서 가장 아름다운 기념비라고 말할 수 있는 이유는 이런 의미 때문이다.

1944년 루이스 칸은 "대헌장 마그나 카르타Magna Carta를 작성하는 데 최고의 잉크가 필요하지 않은 것처럼, 가장 값비싼 재료를 쓰고 가장 최상의 기술을 동원한다고 해서 기념비적인 건축이 만들어지는 것이 아니다."[69]라고 말했다. 기념비적인 건축은 비싼 재료, 최고의 기술로 만들어지는 것이 아니다.

오늘은 어떤가? 신문, 라디오, 텔레비전, 포스터, 인터넷이 공동체에 정보를 전하고 의견을 수렴하는 오늘날에 기념비적인 건축물이 공공 영역을 주도한다고 보지 않는다. 그렇다면 우리는 여전히 학교와 문화 센터 같은 사회적 모뉴먼트social monuments에 충분히 건축적인 표현을 해왔는가 물어야 한다. 우리의 일상이 '사회적 기념비'다.

3장

평면은 방의 사회

나는 언제나 방 안에 있고 방 밖에 있다.
머무르고 나갔다가 다시 돌아올 수 있는
나의 방은 나라는 존재의 다른 표현이다.

건축의 시작, 방

존재의 기초

건축은 어떻게 시작됐을까? 이것은 건축의 기원을 묻는 질문이다. 대개 사람들은 숲과 동굴에서 생활을 시작했고 야생에서 먹을 것을 채집하고 사냥을 했다. 숲에서는 나무를 쳐내서 빈 땅을 만든 다음 집을 지었다. 해가 있을 때는 옷이 내 몸을 보호한다. 그러나 해가 지고 어두워지면 옷으로는 안 된다. 집이 있어야 한다. 집 안에 있다는 것은 세계 안에 있다는 것이다. 어두운 집에서는 화로 주변으로 사람들이 모여 앉는다.

물음을 바꿔보자. 건축은 무엇에서 시작하는 것일까? 건축은 '방'에서 시작한다. 우리는 방이라는 말을 너무 쉽게 쓰는데, 건축의 출발은 당연히 '방'이다.

바닥과 벽, 그리고 천장이라는 물적인 요소로 구성되는 공간은 그것으로 분절된 방과 이웃하는 방이 만드는 장場의 관계다. 건축에서 방의 집합은 점, 선, 면의 형태 구성과 다르다. 작은 주택을 보아도 그 안은 작은 방으로 나뉘어 있다. 그리고 방 하나하나마다 특별한 체험이 있다.

건축에서는 방을 생각하는 두 가지 태도가 있다. 하나는 건축은 '현상하는 방'이 모여 생긴다고 보는 것이고, 다른 하나는 건축은 '요소 관계의 방'이 모여 생긴다고 보는 것이다. 사는 사람과 짓는 사람의 일치를 주장하는 건축가는 '현상하는 방'을 중요하게 여긴다. 사는 사람과 짓는 사람이 일치하지 않게 된 시대에서 건축은 '요소 관계의 방'의 집합으로만 여긴다.

'현상하는 방'은 나를 감싸는 공간의 가장 작은 단위다. 건축에 그보다 더 작은 공간은 없다. 그릇은 모든 사물의 시작이다. 그릇을 손으로 직접 빚어 만들듯이, 의자라는 그릇에 우리 몸을 담고 탁자라는 그릇에 이런저런 물건을 올려놓는다. 건축에서 '방'은 우리 몸을 담는 매우 큰 그릇이고 나를 감싸는 가장 작은 공간의 덩어리다. 방의 의미가 이러한데 방이 조직된 집합체가 건물, 공간이 조직된 집합체는 건축이라고 말할 수 없다. 집은 작은 우주microcosmos다. 프랑스 철학자 가스통 바슐라르Gaston Bachelard는 『공간의 시학La poétique de l'espace』에서 "집은 세계 속에 있는 우리들의 한쪽 구석"이고 "최초의 우주"이며 "틀림이 없는 코스모스"라고 설명했다. 이런 코스모스인 집을 성립시키는 것이 '방'이므로 방은 작은 우주다.

영어 'room'과 독일어 'Raum라움'은 게르만어 ruman에서 나왔다. 널찍하다, 여유가 있다는 뜻이다. 'Raum'은 숲을 쳐내어 만든 구멍과 같은 장소라는 뜻이었다. 'room'은 건물 안에서 나를 둘러싸고 있는 벽으로 구별한 공간의 구획이다. 우리말에서 '사람이 살거나 일을 하기 위하여 벽 따위로 막아 만든 칸'을 안방, 건넌방이라 하고 방이라고 부르는 것과 똑같다. 독일어에서 방이라는 뜻으로 'Zimmer침머'가 있지만 이것은 주택에 있는 사적인 방을 가리킬 때 사용한다.

'방'은 사람이 존재하는 데 기초가 된다. 나는 언제나 방 안에 있고 방 밖에 있다. 내가 머무르고 나갔다가 다시 돌아올 수 있는 나의 방은 나라는 존재의 다른 표현이다.

버지니아 울프Virginia Woolf는 수필집 『자기만의 방A Room of One's Own』에서 이렇게 썼다. "여자가 글을 쓰려면 열쇠로 잠그는 방 하나가 필요하다." 남자에게는 서재가 주어졌는데 여자에게는 스스로 생각하고 자신의 감정을 정리할 최소한의 공간이 없음을 지적한 글이다. 에워싸인 공간이 나에게 주어지고 내가 그 안에 있다는 것이 얼마나 소중한지 말해준다.

'방'이라는 말은 '공간'이라는 말보다도 훨씬 쉽고 일상적이다. 공간이라고 하면 왠지 방보다 추상적이고 개념적이며 전문적으로 들리기도 하고 또 그렇게 사용하고 있다. 『건축의 공간Space in Architecture』이라는 책 제목처럼 공간은 연구 대상이 된다.

그렇다면 방은 어떨까? '건축의 방Room in Architecture'이라는 제목의 책은 들어본 적이 없으며 출간된 적도 없다. 방은 누구라도 쓰는 말이고 사람이 들어가 사는 곳이며 모양이야 어찌 되었든 다른 용어가 필요 없기 때문이다.

하얀 종이가 있다. 아무것도 그리지 않은 종이 위에는 공간만 있으나 건축가가 선을 그리면 그 선은 벽이 되고 공간을 나누기 시작한다. 그 공간은 '요소 관계의 방'이다. 벽을 그려 방을 만든 평면도는 '요소 관계의 방'을 그린 것이다.

방은 닫혀 있는 세포와 같다. 세포는 막으로 둘러싸인 구조이며 반드시 하나의 닫힌 주머니로만 존재한다. 원핵생물原核生物에서 막은 바깥의 세포막밖에 없다. 한 장의 얇은 세포막으로 둘러싸인 풍선과 같다. 그러나 복잡하게 반응하려면 안에 방이 하나만 있으면 안 되어 구획compartment을 만든다.

진핵생물眞核生物의 세포 안에는 막으로 싸인 구조가 많다. 바깥 세계로부터 칸막이를 하려면 세포 내부에 막구조가 있어야 한다. 마치 건물에서 방이 나뉘는 것과 똑같다. 그런데 세포막은 아무 데서나 공간을 칸막이하지 않는다.

인간은 근대 이전까지만 해도 방이 하나 또는 두 개인 집에서 살아왔다. 방이 둘이면 안쪽 방은 가족 모두가 자는 방이었고 바깥쪽 방은 가족이 생업을 유지하기 위해 일하는 방이었다. 안쪽 방은 밤의 방이고 바깥쪽 방은 낮의 방이었다. 주택과 작업장은 함께 있었다. 지금도 이누이트의 이글루나 몽골의 게르Ger처럼 추운 곳이나 유목하는 민족의 주거로는 방 하나인 주택이 많고, 따뜻한 곳에 살거나 정주하는 민족은 방이 두 개인 주택이 많다.

근대에 들어와 사적인 방이 생기고 함께 모이는 공적인 장을 따로 두었다. 규모가 커지고 방이 훨씬 많아지자 작은 방보다는 건물 전체의 성격에 더 많은 관심을 기울였다. 방 하나하나의 특별한 체험은 점차 사라졌으나, 그렇다고 건물 전체를 체험한 것도 아니었다. 이렇게 만들어지는 공간은 직접 현상으로 나타나지 않고 오히려 도면으로만 간접적으로 이해된다. 르네상스와 매너리즘 시대를 거쳐 건축이 독자적인 전문 영역으로 형식화되면서 내부 공간을 '요소 관계의 방'의 집합으로만 여기게 되었다.

해석되는 방

오늘날 이 작은 우주인 '방'을 얼마나 당연하게 받아들이고 있을까? 대우주와 소우주라는 개념은 가장 큰 규모에서 가장 작은 규모에 이르는 모든 단계에서 같은 양식이 재생산된다는 생각을 그 밑에 깔고 있다.

소우주라고 하면 금방 신화를 머리에 떠올린다. 작은 우주는 사람의 몸을 뜻하니 '방'이 작은 우주라는 주장이 수긍도 되지만, 다른 한편으로는 옛날 생각이라며 부정한다. 모더니즘 이후 벽으로 에워싸인 '방'은 본격적으로 부정되었고, 무한한 운동의 일부를 어떻게 공간으로 해석할까에 모든 관심을 기울였다. 아이젠먼은 공간을 에워싸는 '방'은 시효가 지난 고전적 개념과 인본주의의 연장이라고 단정했다.

그렇다면 현대에 맞는 작은 우주란 없는 것일까? 아마 한 가지로 수렴되지 않을 뿐 일부는 단편으로, 또 일부는 신화에 속하기도 하며, 다른 일부는 중심을 상실한 인간이 동경을 품고 있기도 할 것이다.

건축가마다 '방의 관계'에 대한 해석이 다르다. 르 코르뷔지에의 도쿄 국립서양미술관國立西洋美術館, 미스 반 데어 로에의 소도시를 위한 미술관Museum for a Small City Project 그리고 루이스 칸의 예일 영국 예술센터Yale Center for British Art는 모두 정사각형의 구조 격자 위에 아트리움atrium을 주제로 삼고 있다.

코르뷔지에는 좁고 긴 전시 공간을 만드는 데 아트리움을 이용했다. 면의 3차원적 구성인 아트리움은 운동을 분배하고 있어서 구조 격자와 아트리움은 대등하다. 미스의 미술관에서는 강당과 벽 등이 전체 안에서 분할되지 못하고 있다. 아트리움도 구조 격자의 추상 공간 안에 놓인 하나의 요소일 뿐이다. 칸은 추상적인 구조 격자를 구체적인 방의 격자로 바꾸고 아트리움을 두어 강한 중심성을 주었다.

이처럼 같은 구조 격자와 아트리움 요소를 도입하는데도, 세 사람의 작품이 전혀 다른 공간을 만들어내는 것은 결국 요소와 그것을 연결하는 방식에 대한 근본적인 차이 때문이다. 미스의 판즈워스 주택Farnsworth House과 비교하면 사람을 에워싸고 제각기 고유한 외부를 가지는 '방'이 얼마나 중요한지를 알 수 있다. 미스가 자신의 건축에서 중심으로 둔 '보편 공간universal space'의 대척점에는 '방'이 있다.

모든 건축의 평면도가 그렇듯이 방은 따로 떨어져 있지 않다. 방은 그 안에서 서로 만나고 충돌한다. 이런 평면도 안에서 방들이 개성을 잃지 않아야 하는 이유는 공간 안에서 내가, 우리가, 다른 사람들이 이동하기 때문이다. 나는 방에 있다가 거실로 가서 쉬고 다시 돌아왔다가 식당에서 음식을 먹는다. 이렇게 나의 중심이 움직이듯이, 좋은 건축일수록 이동하는 중심에 대응하는 공간을 가지고 있다.

다음 문장을 보자. "크기가 같은 방이 서로 관계도 없이 일렬로 쭉 늘어서 있으며 이 방들은 복도로 이어져 있다." 평면도를 묘사한 글이다. 그렇다면 이 글은 어떤 건물을 묘사하는가? 그리고 어떤 방으로 이어져 있을까? 교소도가 그렇다. 편복도나 중복도형 아파트 평면도 이렇게 이어진다. 연구소도 이렇게 배열될 수 있다. 병원의 병실도 아파트의 여러 집들도 긴 복도에 방들이 일렬로 늘어선다. 학교 교실도 이 문장에 잘 맞는다.

그러면 이런 조건에서 사람들은 어떻게 모여 있을까를 생각해보자. 나는 '방'을 어떻게 생각하고 있는가. 대체로 획일적이고 복도는 지나다니기만 할 뿐 다른 무엇은 일어나지 않는 곳처럼 느껴진다. 이런 '방'의 사회를 어떻게 바꾸어야 할지 돌이켜보고 상상하게 되기도 한다.

루이스 칸의 방
발생적인 방
루이스 칸이 말하고자 하는 '방'은 사람이 이 땅에서 어떻게 있어야 하는가를 묻는다. 사람은 '방'에 혼자 있지 않다. 항상 다른 사람과 함께 있다. 그렇기 때문에 나만의 '방'도 대단하고, 많은 사람들을 위해 만들어지는 '방'도 대단하다. 그것이 교실이 되고 집회실이 되고 극장이 된다. '방'은 공동체와 같은 사람과의 관계에서 성립한다. 그래서 칸은 "평면은 방의 사회다. 평면은 방이 서로 이야기를 거는 것이다. 평면은 방의 빛 속에서 이루어진 공간의 구조다."[70]라고 분명히 말했다.

"건축은 방을 만드는 것에서 시작한다."라고 처음으로 말한 사람은 루이스 칸이었다. 그가 말하는 '방'은 건축의 근원을 묻는 방이다. 1971년 그가 방을 그린 유명한 드로잉*을 보자. 둥근 천장으로 덮인 방 안에 두 사람이 함께 있다. 드로잉 밑에는 다음 문장이 써 있다. "다른 사람 한 명과 방에 있을 때, 사람은 발생적 generative이 될 수 있다. 두 사람의 서로 다른 벡터가 만난다."

방 한가운데에는 난로가 있으며, 그 앞에는 어떤 사람이 그려져 있고, 또 다른 사람이 흐릿하게 그려져 있다. 창을 통해서 나무인지 구름인지 알기 어려운 무언가가 그려져 있다. 방은 사람을 감싸지만, 그뿐 아니라 안에 있는 나와 또 다른 누군가를 이어주며 관계를 맺게 한다. 창문이라는 없어서는 안 될 요소도 있다. 창문은 바깥의 빛과 바람과 시선을 안으로 초대하고, 바깥의 사람을 안으로 불러들여 나를 바깥과 연결해준다.

건축이 공간을 만드는 이유는 서로 다른 두 사람의 관계를 규정하는 데 있다. "서로 다른 벡터"를 가진 두 사람에게 이 공간은 사적인 동시에 사회적인 공간이다. "다른 사람 한 명"이란 곧 '타자他者'다. 루이스 칸의 드로잉에는 타자가 개입되어 있다. 이 타자를 만남으로써 그 방에 있던 사람은 "발생적"이 되고, 하나의 사건이 일어난다. 루이스 칸에게 방이란 흔한 '124호실' '손님방'과 같지 않으며, 타자와의 관계 속에서 일어나는 장의 개념이다.

어떤 장소가 발생적이라 함은 그 장소에서 사람을 만나고 이야기하며 앉아 있으면 어떤 자극과 깨달음을 얻는다는 뜻이다. 학생들과 식당에서 식사하며 이런저런 이야기를 한다. 일상 이야기, 건축 이야기, 사람 사는 사회에 대한 이야기를 주고받으며 서로 마음의 좌표를 움직여본다. 이때 이야기 꽃을 피우는 사람은 바깥을 생각하지 않는다. 그래서 루이스 칸은 방을 이렇게도 말한다. "좋은 방에 좋은 사람과 함께 있을 때 바깥세상을 생각하려고 애써 봐라. 바깥세상에 대한 당신의 모든 감각이 사라지고 있다."[71]

그래서 '방'은 '마음이 머무는 장소'다. 방은 단지 집 안에 칸막이를 한 뒤 둘러싼 곳이 아니다. 방이란 머무는 곳이며 가구와 도구와 함께 내 신체가 있는 곳이며 주변의 정황과 함께 있는 곳이다. 가족의 인기척과 배려가 방을 채울 때 집이 집다워지는 법이다. 그리고 큼직한 식탁에 모여 있는 가족은 식탁에, 식탁 위의 등불에, 식탁을 둘러싼 벽에, 벽을 통해 보이는 작은 마당과 이야기하며 생활의 초점을 이룬다. 방은 가족 모두가 몸을 기대고 마음을 맡기게 되는 곳이자 개별성이 있는 공간이며, 사람을 감싸고 에워싸는 곳이다.

그래서 칸이 말하는 방은 모두 사람과 방 안에서 일어나는 정황에 관한 것이다. "작은 방에서는 큰 방에서 나누는 말을 나누지 않는다." "자연광이 들어오지 않는 방은 방이 아니다."

응축된 생활 세계

루이스 칸은 스코틀랜드에 있는 성들의 평면에 큰 관심을 보였다. 옛날 유럽의 건축에는 벽이 아주 두꺼운 건물이 많았다. 그중 외부의 공격을 견딜 수 있게 만든 중세의 타워 하우스는 성 안의 주택과 같았다. 외벽 두께가 4미터나 되는 경우도 많았다.

그러나 이러한 주택은 두꺼운 벽으로만 쌓기 때문에 가운데에는 큰 방이 생기지만 다른 방을 내기가 어려웠다. 사정이 그러하다보니 정작 사용해야 할 내부 공간은 좁아질 수밖에 없었다. 그래서 건축물의 안정에 손상을 주지 않는 범위에서 두꺼운 벽의 일부를 잘라 파고들어가 창이나 작은 방을 두었다. 이런 방을 잘 얻으면 한가운데 홀을 늘인 것도 아닌데 전체적으로는 면적을 늘린 셈이 되었다. 이렇게 얻은 공간을 '포셰poché'라고 부른다. 주머니pocket라는 뜻이다.

이 주머니 공간은 방의 모양이 조금씩 다르고 따라서 공간에 들어오는 빛의 모습도 모두 달라진다. 루이스 칸은 이런 스코 틀랜드의 성들에 매우 큰 흥미를 느꼈다. 콤론곤성의 평면과 같 이 한가운데 큰 방이 있고 그 주변에 작은 방이 붙어 있는 모습을 자신의 건축 방식으로 해석했다. 모여 있는 사람들이 서로 다른 얼굴과 성격을 가졌듯이, 같이 있으나 서로 다른 방은 그 안에 사 는 사람과 일치하는 모습이었다.

만들어진 경위야 어떻든 이 방은 벽으로 둘러싸인 독립된 성격이 아주 강하다. 다른 것과 같지 않고 그 방만이 지닌 고유성 이 있다. 창에서 들어오는 빛을 비스듬한 벽으로 받아들이면 작 은 방은 확산하는 빛을 받아들일 수 있다. 한가운데 홀은 어둡지 만 밖에서 들어오는 빛 덕분에 이 작은 방들은 밝고 밖을 바라볼 수 있으며 생기 있는 방이 된다. 방은 그저 크기를 가지고 있는 볼 륨이 아니라 그 안에서 생기를 얻는 곳이다.

칸은 스코틀랜드 성의 평면에 매료되어 브린모어대학Bryn Mawr College 기숙사를 설계할 때 이를 응용했다. 스코틀랜드 성의 평면에 있는 방은 독립되어 있다. 모양도 크기도 위치도 빛도 모두 다르며, 방에는 제각기 그 방에 고유한 분위기가 있다.

1973년 그는 자신의 관심을 회상하며 이렇게 묘사했다. "스 코틀랜드 성. 두껍고 두꺼운 벽, 적에게는 작은 창문, 점유자에게 는 안쪽으로 넓어지고 있다. 읽기 위한 장소, 바느질을 하는 장소, …… 침대를 둔 장소, 계단이 있는 장소, …… 햇빛. 동화." 일렬로 늘어선 같은 크기의 방들과, 제각기 고유한 분위기가 있는 방들 이 주는 삶의 모습은 어떻게 얼마나 다른가?

건축에서 '방'이 어떤 것인지를 잘 알려면 한옥의 방 한 칸 을 더 깊이 생각해보면 좋다. 한옥의 방은 한마디로 응축된 생활 세계다.[72] 방 한 칸은 기둥 네 개로 한정된 작은 공간인 경우가 많 다. 이 작은 방은 바깥이 맑으면 방도 맑아지고 흐리면 더불어 흐 려진다. 한국 사람에게 방은 생활의 전체이며 여러 행위가 겹쳐서 일어나는 곳이고 분화되지 않은 행위가 있는 곳이다. 방은 안에만 있지 않다. 안마당도 바깥에 있는 또 다른 한 칸 방이다. 또한 한

옥에서 방은 제각기 다른 외부를 상대한다. 어떤 방은 마당을, 어떤 방은 먼 산을 향한다. 한 집에 있는 방이라고 모두 똑같은 외부를 상대하고 있지는 않다.

미국의 시인 마크 스트런드Mark Strand의 〈방The Room〉이라는 긴 시가 있다. "전 방 뒤에 서 있어요. 그리고 당신이 막 들어왔지요. …… 그 방은 아주 커서 당신이 무얼 생각하는지, 왜 오셨는지 놀랄 일이에요. …… 당신 이름은 거의 알려지지 못할 거예요. 제 이름도 알려지지 못할 거고요. 전 뒤에 서 있어요. 그리고 당신이 막 들어왔지요. 이제 막 시작하려고 해요. 끝이 보이고요."

방에서 어떤 일이 있었는지, 어떤 변화가 있는지, 무엇이 찾아오는지 이 시에 다 적혀 있는 듯하다. 이 시는 사두었던 검은 옷을 입고 이 세상에서 사라질 때까지, 나와 당신 사이에 있는 인생의 모든 일이 일어나는 곳이 방 안임을 노래한다.

1999년 1월 16일 세상을 떠난 건축가 알도 반 에이크Aldo van Eyck의 장례식에서 그의 손자가 이 시를 읽었다고 한다. 건축가의 죽음 앞에서 마지막으로 들려주는 것은 결국 '방'이라는 제목의 시였다. 인간에게 방은 그런 것이다.

방은 건축을 가져다준다

잔디에 사람들이 앉아 있거나 누워 있다. 제각기 거리를 두고 떨어져 있다. 이들은 루이스 칸의 드로잉처럼 의자를 두고 서로 마주하고 있지도 않고, 어떤 구조물 안에 있지도 않다. 이들은 제각기 자기가 앉거나 눕기에 적당한 곳을 발견하고 찾아냈을 뿐이다. 그렇다면 이들이 있는 장소는 '방'인가 아닌가? 칸이 그린 드로잉과는 다른 모습을 하고 있지만, 오히려 이들이 자리한 곳은 칸의 드로잉보다 소급하여 본 '방'의 원점을 보여준다.

화면을 다른 의미의 구조체 또는 프레임이라고 본다면, 이 장면은 하나의 훌륭한 '방'이다. 사람은 떨어져 관계를 맺고 있을 뿐이다. 그러나 여기에서 중요한 것은 이 장면에서 어느 한 사람도 따로 잘라낼 수 없다는 점이다. 이는 곧 사람은 이 장소 안에서 독립적이며, 거리 안에서 연대를 이루는 집합이라는 것이다. 이 장면 안에 어떤 한 사람의 장소는 다른 사람의 장소와 관계를 가진다. 단지 느슨하고 약한 관계일 따름이다.

사실 위에서 이야기하는 상황은 전혀 특수하지 않다. 몽골의 알탄 산달Altan Sandal의 게르처럼 분산된 주거군과 비슷하며, 이보다 주거가 더 많아지면 농촌 마을의 흔한 모습이기도 하다. 의사가 전달될 정도의 거리를 두고 주거가 산재해 있는 마을이 그렇다. 이 경우 주거는 자립해 있으며, 마을 전체는 독립된 개체의 연대를 이룬 집합이다.

루이스 칸은 "방은 내게 전혀 속하지 않은 성질을 가지고 있다. 방은 당신에게 건축을 가져다주는 성질이 있다."[73]라고 말한 바 있다. '방'의 성질은 그 방 안에 있는 어떤 사람이 만드는 것이 아니라 무언가 다른 것으로 만들어진다는 의미고, 그 성질을 통해 건축이 만들어진다는 뜻이다.

잔디 위에 자유로이 앉아 있거나 누워 있는 모습을 하나의 '방'으로 설명해보자. 푸른 잔디와 넓게 벌려져 있는 간격, 그 이상으로 좁혀질 것 같지 않은 거리, 그 안에서 만끽하는 자신의 공간, 그러면서도 같은 땅에서 함께 있다는 감각…… 이러한 특질은 이 사람들에게 속하지는 않지만, 이것이 곧 사람들을 위한 건축을 만들어낼 수 있다.

"내게 전혀 속하지 않은 성질"이란 무엇일까? 강이 보이는 언덕 위에 지어지는 집이라면, 강과 언덕의 물매, 대지를 통해 부는 바람과 냄새는 내게 속하지 않은 성질이다. 나와 아무런 관계없이 강은 흐르고 바람이 불며 냄새가 나고 대지의 경사도 멋대로 달라진다. 자연 요소만 그런 것이 아니라, 같은 자리에 앉아 있는 다른 사람도 내게 속해 있지 않은 채 행동하고 움직인다. 그런데 그런 무관계한 것들이 하나의 장소나 공간에서 이어지고, 다시 끊어지고 변화한다. '방'의 이러한 성질이 곧 건축을 만든다. 그래서 칸은 "방을 만드는 데서 건축은 시작한다."[74]라고 말했다.

도시의 방

네덜란드 건축가 렘 콜하스Rem Koolhaas가 설계한 보르도 주택Maison à Bordeaux은 교통사고로 불구가 된 건축주를 위한 집이다. 건축주는 건축가에게 이렇게 말했다. "단순한 주택이 필요하지 않습니다. 나는 복잡한 주택을 갖고 싶습니다. 이 집이 나의 세계를 규정할 테니까요."[75]

건축주 부부는 도시 전체가 내려다보이는 언덕을 샀다. 그리고 한 집을 세 집처럼 따로 만들었다. 가장 밑의 집은 동굴과 같은 집, 가장 위의 집은 가족들의 집, 가운데 집은 반은 내부고 반은 외부인 집이다. 이 세 집을 엘리베이터로 이동하게 했다. 건축가는 이렇게 말했다. "이 집은 그의 '방'이고 '역station'이었다."

프랭클린 루스벨트Franklin D. Roosevelt의 '네 가지 자유Four Freedoms' 연설로 유명한 프랭클린 루스벨트 자유 공원Franklin D. Roosevelt Four Freedoms Park이 뉴욕에 있다. 루이스 칸은 이 공원 계획에서 다음과 같이 말했다. "기념비는 방이자 정원이라고 생각했다. 그것이 내가 생각한 전부다. 나는 왜 방이자 정원인 것을 바라고 있었을까? 나는 이것을 출발점으로 선택했다. '정원'은 사적으로 자연이 조절되고 자연이 모여드는 곳이다. 그리고 '방'은 건축의 시작이다. 나는 이런 감각을 가지고 있었다. 방은 건축은 아니지만 자아를 연장한 것이다."[76]

주택이 방이 되고 역이 된다면, 커다란 주택인 도시에서 길은 집의 복도와 같고 광장은 거실과 같다. 방은 주택이나 건물 안에 칸막이로 나뉜 한 부분만을 뜻하지 않는다. 주택의 작은 방, 복도, 홀, 중정, 길, 광장이 방이라면 도시는 '방'으로 이루어진다.

도시에 있는 어떤 방의 창가에 앉아 있을 때 느끼는 감정을 주택의 창문을 통해서도 느낄 수 있다. 건물의 창문을 통해 멀리 풍경이 보이고 빛도 보인다. 건물의 외벽이 만든 길도 방이며, 광장도 커다란 도시의 방이다. 정자亭子와 같은 작은 단위에서 느낄 수 있는 근본적인 공간 감각은 도시로, 집회장으로 확대된다.

칸은 또 "길이란 사람들이 동의하여 만든 방이다." "가로는 합의에 따른 '방'이다. 그것은 공동체의 '방'이며, 그 벽은 제공자들의 것이다. 그 '방'의 천장은 하늘이다. 집회장은 합의에 따른 장소이며, 틀림없이 가로에서 생겼다."라고 말했다. 이 말은 실제로 우리가 사는 길을 걷다보면 금방 이해할 수 있다. 벽으로 둘러싸인 바닥만을 방이라고 하지 않는다.

그가 말하는 '방'은 외부로 무한히 확장하고자 한 근대건축의 내부 공간도 아니며, 그렇다고 외부와 확연히 단절된 내부 공간도 아니다. 그것은 외부와 확연히 구별되면서 동시에 외부와 접속되는 건축 공간의 본질이다. '방'은 자기의 연장extension이다. 방은 나에게만 속하지 않고 누구에게나 건축을 가져다주는 특성이 있다. 이렇게 방은 세계와 자기 사이에 위치한다.

현대건축에서 가장 많이 논의되는 주장의 골자는 이렇다. '건축은 사람과 떨어져서 따로 있는 것이 아니며, 또 닫혀 있는 것이 아니다. 건축은 현실 속에 배치되며 세계로 열린 것이다. 그래서 건축을 통해서 사람은 세계로 이어진다. 그래서 건축은 주체와 세계를 이어주는 매개 장치다.'

그러나 이 주장은 전혀 새롭지 않다. 이것은 루이스 칸의 '방'에 관한 논의와 다르지 않다. 방을 구현하는 재료, 표면의 매끈함, 반사, 물질에서 비롯하는 수많은 장식 등이 다를 따름이다.

우리는 주택에, 학교에, 교실에, 사무소에, 길에, 광장에 방을 만들어야 한다. 물론 하나의 커다란 방을 만드는 것만이 현대 사회의 공간을 나타내지는 않는다. 방을 다시 생각하면서도 이전과는 다른 '방들의 사회'를 발견해가야 한다.

이제 건축에서는 방을 조용하고 침착하며 사고하는 공간으로 이해해서는 안 된다. 킴벨미술관Kimbell Art Museum과 같이 순수하게 기하학적인 공간에서 조용히 감상에 집중하는 그런 방만이 아니라, 외부와 확연히 단절된 내부, 공동체의 회귀도 아니지만, 외부와 확연히 구별되면서 외부와 접속되는 자기의 연장으로서의 방이 있어야 한다.

근대도시는 기능으로 지역을 분화했다. 도시의 시설은 편리해지고 비대해졌지만 생활하는 사람의 입장에서는 머물기 원하는 '방'이 사라져 버렸다. '도시의 방'은 은유적 표현이 아니다. 그곳에 가면 꼭 만날 사람은 아니더라도 그 자리에 함께 있다는 감각을 주는 방, 특별히 볼 일이 있지 않아도 무언가를 만날 수 있고 어떤 일이 일어나리라는 기대감이 드는 방이 있는 도시 시설을 생각한다. 쇼핑센터, 레스토랑, 카페 테라스 등 여러 가지 이러한 시설은 공공 시설에도 방은 얼마든지 있을 수 있다. 도시의 방은 작은 도시일수록 더 잘 나타난다.

주거와 도시의 대립, 내밀한 내부 장소와 전체성을 잃어버린 외부 공간의 대립에서 벗어나 도시 안의 주거, 주거 안의 도시, 공간 속의 장소, 장소 속의 공간이 이루어질 방법은 무엇일까?

대도시 안에서 한 사람의 인간이 개체성을 가지고 일상의 삶을 살아가도록 하는 현대건축의 중요한 과제는 주거와 도시의 대립을 해소하는 것이다. 도시 안의 주거 또는 주거 안의 도시를 만들 수 있어야 한다. 칸이 주택의 작은 방, 복도, 홀, 중정, 길, 광장 등을 '방'으로 보며 건축과 도시를 잇고자 한 이유는 공간 속의 장소, 장소 속의 공간을 발견하기 위해서였다.

방의 이름

방의 고유성

건축은 이름이 없는 것에 이름을 붙이는 데서 시작한다. 짓지 않은 건물이나 프로젝트에 임시로 이름을 붙이거나 바라는 방의 이름을 열거하는 데서 건축은 시작한다. 사용 목적을 가질 때나 실제로 공간을 점유할 때 건축은 생겨난다. 안방, 건넌방, 교실, 사무실, 회의실 등 이름을 붙이는 순간 형체가 없던 공간은 분명한 형체와 장소로 지각되기 시작한다.

사람은 보통명사다. 그러나 '이' 사람이라고 하면 갑자기 어떤 성격을 지닌 특정한 사람이 된다. 이 사람 대신 박 아무개나 이 아무개라고 구체적인 이름으로 부르면 그 사람은 이 세상에 하나밖에 없는 사람이 된다. 사람이나 동물은 이름을 가짐으로써 개별적이며 고유한 뜻을 지니게 된다.

빈 마당과 통로가 있다고 하자. 이때 장소나 공간의 구속력은 전혀 없다. 그 위에 정사각형 한 개를 그렸다고 하자. 그러나 그것은 바닥에 그려진 도형에 불과하다. 그다음에 똑같은 크기의 정사각형을 같은 간격으로 그렸다고 하자. 이 정사각형들은 폐쇄적이지만 독립성을 보여주지 못한다. 크기가 다른 정사각형을 제각기 간격을 달리하며 뗀다는 것은 어떤 사람을 '이' 사람이라고 부르는 것과 같다.

방은 주로 집 안에서 생활하기 위한 공간을 칸막이로 구분한 것을 말한다. 그러나 방은 바닥, 벽, 천장으로 구성된 물리적인 장이 아니다. 방에는 반드시 사용 목적이나 내용을 담은 이름이 붙는다. 사람이 잔다거나, 앉아 있다거나, 쉰다거나 일상의 시간을 보내는 곳에 이 이름을 사용한다. 건넌방, 뒷방, 사랑방, 안방, 옆방, 작은방, 찜질방, 큰방 등이 그렇다. 그러나 통로처럼 이어주는 역할을 하는 공간은 무슨 방이라고 하지 않는다. 복도는 그냥 복도다.

방과 쉽게 구별되지 않지만 많이 쓰이는 실室이 있다. 실은 건물 안에 물리적으로 구획된 공간을 말하는데, 이 글자만 따로 사용되는 경우는 거의 없다. 침실, 욕실 등 집 안 공간만이 아니라 사무실, 진료실 등 회사나 병원 같이 기능과 역할을 나타내는 다른 말 뒤에 붙어 사용된다. 통로처럼 이어주는 것에도 사용된다. 계단실이라고 하지 계단방이라고 하지 않는다.

〈2015년 마드리드 아키프리 인터내셔널Archiprix International Madrid 2015〉 국제 학생 건축 작품전에 나온 프로젝트가 있었다. 계획안을 따라 마드리드의 어느 길바닥에 크고 작은 정사각형을 그렸다. 건물과 건물 사이 사람들이 지나가는 넓은 터에 정사각형의 선만 그었을 뿐이다. 바닥에 그려진 사각형은 크기를 가진 공간이다. 그 사각형에 주인 이름의 앞글자를 쓰면 그것만으로도 공간은 사람에게 귀속하는 장소가 된다. 주인이 그 안에 서면 이 사각형은 제각기 더욱 고유한 성격을 얻는다.

여기서 사람이 사라진다고 해도 자리에 이름이 적혀 있는 한 그 사각형들에는 아무것도 없는 정사각형과는 달리 고유성이 남는다. 결국 '방'이란 아무런 조작이 없는 사각형에 이름을 적고 사람이 들어앉는 것만으로도 고유한 성격을 얻을 수 있다. 그렇다면 건축은 그 이상으로 무엇을 더 해줄 수 있을까?

방에 고유성을 드러내는 이름을 붙이거나 이름으로 방의 고유한 성격을 요구하는 공간을 만드는 것은 현대건축의 중심 과제다. 일본 건축가 세지마 가즈요妹島和世와 니시자와 류에西沢立衛는 가나자와 21세기 미술관金沢21世紀美術館의 풍경을 이렇게 말했다.

"식재 계획에 대하여 …… 이 대지는 이전에는 학교였으며 많은 기념식수가 남아 있었다. 우리들은 이 나무들을 보존하고 이설하는 방법을 여러모로 생각했고, 결국에는 조각 작품을 커다란 공간에 배치하는 방법으로 한 그루 한 그루 독립적으로 배치하기로 했다. 이 나무들의 전체 모습은 랜덤하게 늘어놓은 숲과 같고, 동시에 나무의 갤러리와도 같다."[77]

전시실도 이와 마찬가지로 구상되었다. 전시실의 비례는 큐레이터가 심사숙고하여 제안한 것으로 1:1, 황금비, 1:2인 세 종류, 천장 높이는 4.5, 6, 9, 12미터인 네 종류로 하고 이를 조합하는 방식으로 방에 고유성을 주려고 했다.

이렇게 해서 만들어진 열아홉 개의 전시실은 독자적인 미술관처럼 다른 전시를 할 수도 있고 두세 개를 묶어 전시하기도 한다. 그렇게 되면 전시의 규모나 방법에 따라 관람자는 전시장 모두를 다닐 수도 있고 부분을 선택할 수도 있어서 떨어져 있는 방 사이에 다양한 이동 공간이 생긴다. 독자성을 가진 방은 선택하며 이동하는 움직임과 함께 나타날 수 있다.

아직 이름이 없는 장소

공간에 거실이나 식당이라고 이름 붙여도 이름 그대로 사용되는 경우는 거의 없다. 공간 이름과 사용 방식이 어긋나는 이유는 그 이름이 방의 간단한 용도만을 나타내는 일반명사이기 때문이다. 개별적인 이름을 가진 공간이 개별적인 공간이다.

도면에는 늘 로비, 홀, 객실, 교실, 응접실, 회의실, 강당, 도서실, 전정前庭, 후정後庭 같은 이름이 기입된다. 그렇지만 이러한 이름은 다른 건물에서도 얼마든지 다시 등장하고, 내가 아닌 다른 건축가가 설계하는 건물의 도면에도 나타난다. 이 이름은 방의 상태나 고유한 성격을 나타내지는 않는다. 공간의 고유한 상태를 나타내는 방의 이름은 이런 말로 정해지지 않는다.

내리는 성질에 따라 '비'에도 참으로 많은 이름이 붙는다. 눈에 보이지 않으면 안개비, 안개보다 조금 굵게 내리면 이슬비, 굵은 빗줄기로 세차게 쏟아지면 장대비, 맑은 날에 잠깐 뿌리면 여우비라고 한다. 그러나 건물을 구성하는 여러 방의 이름은 많아도 정작 공간의 상태를 나타내어 부르는 이름은 거의 없다.

아파트나 학교는 공간의 상태를 나타내는 이름이 아니라 건물 유형, 곧 공간을 사용하는 방식을 말하는 이름일 뿐이다. 여럿이 모여 의논하고 이야기하기 위해 사용하는 방인 회의실을 두고, 학생들이 사용하는 회의실, 교수가 사용하는 회의실, 임대하여 사용하는 회의실, 전망이 좋은 회의실, 건물 꼭대기에 있는 회의실이라고 나누어 부를 수는 있어도, 비의 종류와 같이 정해놓고 부르는 이름은 아주 적다.

루이스 칸은 로비보다는 '엔트런스', 복도보다는 '갤러리'라는 표현을 좋아했다. 공간에 이름을 붙임으로써 건축 공간의 상태를 유연하게 파악할 수 있으리라 기대했기 때문이다. 로비나 복도는 사용하는 방식이 이미 정해졌지만, 엔트런스나 갤러리는 서로 대립되는 요소를 중재하기 위한 것이다. 정해지고 분화되기 전의 뚜렷한 용도가 없다. 엔트런스는 어느 곳으로 들어가는 장소를 말할 뿐이다. 로비도 되고 방문도 되며 건물 앞의 문도 되는 가능성은 공간에 이름을 붙임으로써 얻을 수 있다.

건축에서 하나의 공간이 이름을 갖게 되면 그 공간은 고유한 방이 된다. 공간에 이름을 붙이는 것은 그 공간이 어떤 상태로 존재할지 타진하는 것이며 고유한 상태로 배치하는 것이다.

이름이 없는 장소는 아직 구획되지 않는 장소다. "그리스의 스토아가 그러했듯이 이름 없는 장소는 구획되지 않을 것이다."[78]
다만 이름 없는 장소는 지금은 없는 또 다른 용도를 촉발하도록
기다리고 있을 뿐이다.

　　루이스 칸은 소크생물학연구소 집회동을 계획하면서 고유
한 방의 이름을 얻기 위해 사람들의 행위와 이름 붙이지 않은 장
소에 주목했다. "구체적인 이름이 없는 엔트런스 홀처럼 이름을
붙이지 않은 장소가 있었다."[79] 그는 확정할 수 없는 다양한 인간
의 바람을 위해 존재하는 공간을 만들었다. 방의 이름을 구체적
으로 정하지 않는다는 것은 공간을 명확하게 분절하지 않고 그
방에서 일어날 수 있는 여러 가지 가능성을 열어둠을 말한다.

방의 집합

평면은 방의 사회

건물을 아무리 추상적으로 만들어도 건물에는 창과 문이 있고
내부 공간이 있으며 디테일이 있고 대지 안에서 부분적으로 어떤
위치를 차지한다. 심지어 건물은 주위에 대하여 독립된 하나의 전
체다. 이 모두가 요소다. 건축에는 요소가 되는 부분의 단위가 정
말 많으며, 또 모두 분절되어 있다. 부분은 블록과 같은 매스이기
도, 기둥이나 보와 같은 부재이기도 하며 공간일 수 있다. 그러나
이것은 모두 방을 만들기 위한 재료다.

　　방은 건축으로, 도시로 확장된다. 방이 모여 건축을 만들고
건축이 모여 도시를 만든다. 로마도 알제리 음자브 밸리M'Zab Valley
의 엘 아테우프El Atteuf 마을도 모두 방이 모여 건축을 이루고, 건
축이 모여 도시를 이룬 것이다. 그러나 이것은 추상적 관계가 아
니다. 사람이 모여서 함께 살기 때문에 생긴 당연한 관계다.

　　건축과 도시에서는 언제 어디서나 똑같은 사실을 발견할 수
있다. 이렇게 해서 '도시는 커다란 주택이고, 주택은 작은 도시다'
라는 명제가 나왔다. 도시는 집으로 이루어진 커다란 또 하나의

집이고, 주택과 같은 작은 집에서 이미 도시는 시작되고 있다는 뜻이다. 르네상스 건축가이자 건축이론가였던 알베르티의 말이며, 현대 건축가 알도 반 에이크도 똑같이 강조했다.

건축에서는 평면도를 건물의 구조적 모습을 보기 위해 수평으로 나타낸 그림이라고 말하지만, 평면도는 그렇게 단순한 것이 아니다. 방들이 모인 평면도는 공동체가 공간을 공유하는 방식을 그린 '방들의 사회'다. 루이스 칸의 다음 문장을 보라. "평면 방들의 사회는 살기에 좋고 일하기에 좋으며 배우기에 좋은 장소다." 마치 한 사람 한 사람이 전체 속에 매몰되지 않고 독자성을 가지며 사회를 이루듯이, 방이라는 요소도 독자성을 잃지 않은 채 더 큰 전체로 연결되어 평면을 이룬다는 뜻이다.

방은 도면 위에 선으로 단순하게 그린 도형이 아니다. 방은 땅에 새겨진다. 폐허가 되어버린 페르세폴리스를 내려다보는 한 장의 사진은 땅 위에 각인된 평면도이자 '방의 사회'를 나타낸다. 폐허가 되어 자취만 남았지만 이 궁의 방은 개성이 있다. 접견 홀, 왕궁, 보고寶庫 등 인간에게 필요한 크고 작은 정사각형의 방이 땅 위에 결합되어 있다.

페르세폴리스를 내려다보는 사진에는 평면도에서는 볼 수 없는 높고 낮은 땅의 윤곽이 드러나 있다. 땅의 윤곽은 모든 방이 똑같이 전체를 만드는 것이 아니라, 부분끼리 결속력이 다르고 그들 사이에도 위계가 있음을 보여준다.

다리우스의 접견 홀이나 하렘은 독립적이지만, '백 개의 원기둥 홀'이라 불리는 크세르크세스Xerxes I 옥좌 홀은 문과 강하게 연결되어 있다. 그러나 크세르크세스 궁은 다리우스 궁과 강하게 연결되어 있지만, 보고와 같은 부분과는 차이가 있다.

'방의 사회'는 건물을 지나 강과 산으로 이어지고, 시간의 경과 속에서 경험으로 누적되며 이 공동체가 지녔던 삶의 모습을 증언한다. 테베에 있는 카르나크 신전Karnak Temple과 룩소르 신전 Luxor Temple 그리고 강 건너 서쪽 테라스 모양의 데이르 엘바하리 Deir el-Bahri의 배치는 긴 축을 따라 전개되고 사람은 서西테베의 경계인 절벽을 향해 상승해간다.

그러나 이 축은 강 건너에 있는 카르나크 신전을 향하고 있으며, 두 건물의 축은 정확히 일직선상에 놓여 있다. 신이 '계곡의 축제' 기간에 현세의 왕들이 묻힌 장제전葬祭殿을 방문하려고 배를 타고 나일강을 건너면, 서쪽 절벽에 있는 죽은 자들이 무덤에서 나와 신을 환영한다고 보았기 때문이다. 한편, 행렬은 동쪽 강가의 남쪽에 있는 룩소르 신전에서 시작한다. 행렬 중 하나는 카르나크 신전을 향하고, 다른 하나는 배를 타고 강가를 지나 데이르 엘바하리를 잇는 축 위의 수로를 따라 카르나크 신전으로 들어가게 되어 있었다.

건축사가 스피로 코스토프Spiro Kostof는 카르나크의 아멘 신전이 역사적으로 어떤 발전을 거듭해왔는가 도해해 보였다.[80] 처음에 신전은 폐쇄된 벽 속에 있었으나, 앞뒤로 다주실 등이 붙으면서 깊게 둘러싸이고 대중정이 증축되면서 축성軸性도 강화되어 갔다. 테베의 세 건물은 우연히 배치된 것이 아니며 추상적인 조형 관계로 조직된 것도 아니다.

경험적 집합

건물은 사람들의 생활이나 활동을 에워싸는 방으로 이루어진다. 바닥, 벽, 천장이 그것이 놓이는 위치나 배열의 규칙에 따라 방을 덮고 에워싼다. 방이 모여 건물을 이루고 건물이 모여 도시의 방을 만들 때도 바닥, 벽, 천장의 배열 규칙이 따로 있다.

방이 집합하는 방식은 동적인 것과 정적인 것, 원과 선, 남자와 여자 등 인간의 경험에서 나타나는 이중성과 깊은 관계를 갖는다. 민속 무용도 원으로 춤추다가 정사각형 또는 직선을 그리며 움직인다. 저 먼 옛날에도 돌을 원으로 선으로 이루며 세웠다. 원과 선은 인디언의 티피tepee나 사람과 짐승이 함께 기거한 롱하우스longhouse와 같고, 판테온과 바실리카로 이어졌다.

특정한 방의 집합 방식이 어디에서 시작했는지는 알 수 없다. 다만 지속적으로 반복되어 왔을 뿐이다. 방의 집합 방식은 인간의 경험과 크게 공명하고 있다.

불가리아의 카라노보Karanovo 마을은 선사시대의 주거지다. 그렇게 오래되었는데도 방이 모여 건물을 이루고, 건물이 모여 더 큰 전체, 곧 마을과 도시를 이루었음을 알 수 있다. 이것은 인간이 건축을 만들어온 이래 끊임없이 되풀이된 가장 직접적인 사실이다. 주택마다 화로라는 '중심'이 있고, 이 주택은 길에 면하며 공동의 장소를 향한다. 주택은 '군'을 이루고 길게 '열'로 이어지며 더 큰 전체를 만든다. 마을 전체도 담으로 둘러싸여 더 큰 방을 이루고 있다. 작은 방에 창문이 생기듯이 마을이라는 방에는 직교하는 축 위에 네 개의 문이 나 있다.

'방'은 인간의 깊은 경험에 바탕을 두고 결합된다. 여기에 두 가지 근본 원리가 있다. '어디에 모여 있다'는 것과 '모여 있는 곳을 향한다'는 것이다. 첫 번째 원리는 목표가 되고, 두 번째 원리는 통로가 된다. 목표는 초점과 중심이 되며 사람이 모인 공간을 에워싸고 덮는다. 통로는 동적으로 선을 따라 운동을 배분하고 축이 된다. 기하학적으로 중심은 원을 이루고, 축은 직선을 이룬다. 오스트리아 예술사가 다고베르트 프라이Dagobert Frey는 "모든 건축예술은 목표目標와 진로進路라는 두 개의 계기를 매개하는 공간 형성이다."[81]라고 정의한 바 있다.

이 두 가지 원칙은 건축사에서 계속 되풀이되었다. 판테온은 기하학적인 원형과 그것을 둘러싼 니치와 돔, 그리고 돔 정상에 뚫린 오쿨루스oculus가 중심을 이루지만, 바실리카는 입구에서 제단에 이르는 축선상의 운동을 전제로 한다.

4세기 이후에 지어진 바실리카 교회와 집중식 교회는 '중심'과 '축'을 둘러싼 두 가지 유형의 실험이었다. 중심은 안정을 갈망하는 것이었고, 선형은 움직여 어디로 도달하려는 바람을 나타냈다. 아야소피아는 중심적 볼륨과 선적 볼륨을 완벽하게 융합하고, 인간의 두 가지 근본적인 희구를 하나의 공간 속에 통합했다는 점에서 보는 이에게 감동을 준다.

구성

계속되는 구성

우리는 설계할 때 무의식적으로 '구성composition'이라는 말을 자주 사용한다. 건축에서만 구성이라는 말이 쓰이는 것은 아니다. 가족을 어떻게 이루는가를 가족 구성이라고 하고, 인구가 연령별로 어떻게 되어 있는가를 인구 구성이라고 한다.

회화에도 음악에도 구성이 있다. 건축에서 쓰는 구성이라는 단어는 음악에서 작곡이라고 부른다. 나무도 뿌리, 줄기, 가지, 잎이라는 부분으로 구성되어 있다. 그런데 건축에서는 사회적이고 문화적인 의미를 따르지 않고 건물을 물리적이며 공간적인 관계로 파악하는 것을 구성이라고 한다. 부재를 사용하여 공간과 형태를 이룬 실체인 건축은 구성을 벗어날 수 없다.

그런데 오늘날의 건축이론에서는 '구성'이라는 말을 회피하며 관계나 조직이라고 바꾸어 부른다.[82] 점, 선, 면, 볼륨이라는 형태 요소를 논리적으로 결합해가는 방식에서만 구성이라는 용어를 생각한다. 표면적으로는 구성이라는 개념에 큰 무게를 두지 않으면서도 실제로 설계할 때 공간 구성, 형태 구성, 평면 구성, 입면 구성, 단면 구성, 기능 구성, 색채 구성 등 구성이라는 말을 참 많이 사용한다.

그런데도 건축가는 르 코르뷔지에 건축의 네 가지 구성법이나 3층 구성의 사보아 주택이라는 말에 큰 관심을 기울인다. 네 가지 구성법은 기하학적인 입체가 부분적으로 결합하는가, 전체 속에서 결합하는가에 주목한다. 사보아 주택에서는 가장 아래는 필로티로 된 선적 구성이고 2층은 면적 구성이며 3층은 볼륨 구성임을 알게 된다. 이것은 이탈리아의 팔라초 건물에서 보듯이 가장 아래가 무겁고 위로 올라갈수록 가벼워지는 고전의 3층 구성을 시각적으로 역전시킨 것이다.

미술사가 제들마이어는 저서 『중심의 상실Verlust der Mitte』에서 사보아 주택을 두고 이렇게 말한다. "우주선이 춤추면서 내려온 듯 보인다." 고전 건축의 3층 구성이 사보아 주택에서 역3층 구성으로 뒤바뀐 것이다.

구성이란 본래 고전건축과 관계가 깊다. 건축가 알렉산더 츠오니스Alexander Tzonis와 건축사학자 리안 르페브르Liane Lefaivre는 고전건축을 구성의 관점에서 분석하고 고전건축의 근본 논리를 형태 체계와 같은 것으로 본다.[83] 영어권에서는 1734년 출간된 로버트 모리스Robert Morris의 『건축강의Lectures on Architecture』에서 처음 구성이라는 말이 나타났다. 이 책에서는 구성이 비례나 조화를 이루기 위한 것으로 "건축이란 유용하고 광범위한 예술이며, 미에 바탕을 둔다. 그리고 비례나 조화는 건축 구성의 대단히 중요한 본질적 요소다."라고 정의하고 있다.

이러한 전통은 에콜 데 보자르École des Beaux-Arts의 교수였던 줄리앙 가데Julien Guadet의 『건축의 요소와 이론Éléments et Théorie de l'Architecture』에서 다시 집대성되었다. 가데는 구성이란 "여러 부분을 융합하고 결합하여 하나의 전체로 만드는 것이다. 따라서 반대 측면에서 바라보면 이 여러 부분은 구성의 여러 요소다."[84]라고 말했다. 그는 요소에 '건축 요소'와 '구성 요소'가 있다고 보았다. '건축 요소'는 벽, 창, 볼트, 지붕 등 건축을 입체적으로 짜 맞추는 것을 가리켰다. '구성 요소'는 방, 현관, 계단 등 건축 내부의 통합된 기능적인 볼륨을 가리켰다. 그는 이 두 요소가 모여서 전체 건축물이 만들어진다고 생각했다.

에콜 데 보자르에 반기를 들었던 근대 건축가들은 구성이라는 말을 싫어했다. 그들은 진정한 건축은 객관적인 사실의 논리적인 귀결이라고 여겼으며, 에콜 데 보자르가 말하는 '구성' 원리란 전혀 의미가 없는 것, 주관적으로 겉보기를 꾸미는 방식을 뜻한다고 보았다. 프랭크 로이드 라이트는 "구성은 죽었고, 살아 있는 것은 창조다."[85]라고 말했다. 그의 주장은 근대건축의 입장을 반영한다.

그렇다고 근대 예술이 구성과 무관한 것은 아니었다. 오히려 1920년대 확립된 기능주의 근대건축은 가데가 말한 요소와 구성

이론에서 출발했다. 영국 건축비평가 레이너 밴험Reyner Banham은
『제1 기계시대의 이론과 디자인Theory and Design in the First Machine Age』
에서 이 점을 들어 근대건축이 고전에 근거하고 있음을 통렬하게
지적했다. 근대건축은 바닥, 벽, 기둥, 지붕과 같은 구조체를 건축
의 요소로 인식했고, 각각의 내부 공간의 기능과 내부 공간끼리
의 기능적 연관에 관심이 높았다.

아이러니컬하게도 고전과 가장 거리가 먼 화가 피에트 몬드
리안Piet Mondrian도 그의 대부분의 작품 제목에 이름을 붙일 정도
로 '구성'은 핵심적 위치를 차지하고 있었다. "추상적-현실적 조형
은 단지 구성을 통해서만 실현될 수 있다. 구성을 통해서 정확한
공간적 표현이 가능해질 뿐 아니라 현실적이게 된다."[86]

사회주의 혁명과 깊이 관련 있던 러시아 구성주의를 말하
는 'construction'은 구성이 아닌 '구축'이라고 번역해야 맞다.[87] 이
들은 '구성'이 기존의 부르주아적 예술이 하는 말이고, '구축'은 새
로운 사회의 기술이 요구하는 개념이라고 여겼다. 알렉산더 로드
첸코Alexander Rodchenko는 구축은 물질 요소의 적절한 조직화이지
만, 이용할 수 있는 물질을 선택하거나 장식으로 혹은 개인적인
방식으로 빈 공간을 채우는 것은 구성이라고 말했다.[88]

그러나 르 코르뷔지에는 구성을 따로 떼어 강조하지는 않았
다. 그에게 구성의 대상은 물체에 관한 것이었다. "구성은 우리의
재산이다. 구성은 오직 물리적인 질서에 관한 것만 다룬다."[89] 그
리고 "볼륨과 면은 건축을 표명하는 요소다. 볼륨도 면도 '평면'으
로 결정된다. '평면'이 원동력이다."[90] 로마 도시와 원, 육면체, 구
등 기하학적 입체의 관계를 보여준 그의 그림이 대변하듯[91] 코르
뷔지에가 말하는 구성은 조형 요소의 결합이라는 의미가 강하다.

건축 구성이란 건축의 여러 요소를 배열하여 3차원 속에서
짜 맞추는 것이다. 구성은 요소와 통합의 관계다. 공간 구성만을
생각하면 바닥, 벽, 천장으로 둘러싸인 방이 어떻게 통합되어 있
는지, 방들이 어떻게 건물 전체를 이루는지, 또 어떤 반ᴚ외부 공
간을 만드는지, 주변에는 어떤 외부 공간을 만드는지가 분절과 통

합의 주제가 된다. 이때 통합 방식은 사전에 정해져 있지 않다. 건축가가 건물을 구상할 때 그 규칙과 질서를 설정한 뒤 구체적인 구성 안에 적용한다. 굳이 인식하지 않아서 그렇지, 건물은 부분과 전체를 관계 맺는 수많은 구성으로 성립된다. 모든 건물은 제각기 고유한 요소가 있고 고유한 통합 방식인 구성이 있다.

르네상스 이후 고전주의 건축은 대칭, 비례, 리듬 등으로 부분을 모아 전체를 만들었다. 요소를 집합하고 구성한다는 이런 생각은 이미 알베르티에게 나타나 있었다. "모든 건물은 윤곽선과 구조로 구성되어 있다. 윤곽선의 모든 효과와 이론을 이용하는 것은 선과 각도를 결합하고 적합하게 하는 바르고 충분한 수단을 얻기 위해서다."[92]

팔라디오의 『건축사서I quattro libri dell'architettura』에는 자신이 설계한 빌라가 열거되어 있다. 여기에는 일정한 형식이 있으며 그 사이에 다른 원칙이 개입되어 변화를 일으키고 있다. 계몽주의 건축에서는 뒤랑이 용도가 같은 건물을 모아 서로 비교한 책을 발간했는데, 무심히 보면 다 똑같아 보여 지루하게 느껴질지도 모르겠으나 배후에는 어떤 공통의 구성이 개입되어 있다.

구성은 여러 모습으로 등장한다. 기능적으로 정리한 여러 타입이 근대에 제시되었다. 음악 홀에는 슈박스shoebox 타입, 아레나arena 타입이 있다거나, 아파트에는 편복도형, 중복도형, 계단실형이 있다고 말하곤 한다. 기능적인 분류라고 보기 쉬우나, 방을 배열하여 얻은 유형이므로 구성이 개입한다. 공장 건물을 미술관으로 바꾼다든지, 학교를 병원으로 바꾼다든지 오래된 건물을 다른 건물 유형으로 용도 변경하는 경우도 구성에 대해 독특한 해석을 내리게 해준다. 같은 크기의 교실이 반복된 학교를 넓은 공간이 필요한 체육관으로 바꿀 수는 없다. 크기와 배열이라는 구성이 다르기 때문이다. 어떤 지역에 흔히 있는 건물은 누가 지시하지도 않았는데 반복되는 요소와 유사한 통합 방식이 만들어낸 구성의 결과물이 되기도 한다.

구성의 방법
중심형

성 베드로 대성전에서 회중석과 횡랑橫廊, transept이 교차하는 곳에 발다키노baldacchino가 있다. 발다키노란 성당에서 가장 거룩한 제대 위를 덮는 닫집이다. 닫집은 네 개의 기둥으로 이루어지고 그 위에 천이나 지붕을 덮는다. 거대한 내부 공간과 안에 있는 사람의 스케일을 조정하기 위함이지만, 이 목적만 있지는 않다. 성당에 있는 제대는 크기와 상관없이 성당에서 가장 거룩한 장소다.

성 베드로 대성전의 발다키노는 중심 중의 중심으로, 가톨릭 세계의 중심이다. 성 베드로의 묘가 그 밑에 있고, 구리로 만든 커다란 지붕이 그 위를 덮고 있다. 기둥 네 개는 역동적으로 비틀리며 올라간다. 29미터 높이의 기둥에는 엔타블레이처가 없다.

사람은 고귀한 것을 소중하게 여기는 마음이 있다. 귀중한 것이 장소를 점할 때 공간 안에서 그것을 가장 드높이는 것은 건축이다. 기둥은 받쳐주고 지붕은 덮어주기 때문이다. 이렇게 받쳐주고 덮어주는 구조는 그 인간의 행위를 대신해준다.

중심형은 건축의 근본적인 형식이다. 세포가 핵을 지니고 외곽을 막으로 형성하듯, 건축 공간은 경계를 가진 중심이 필요하다. 중심형은 기하학적으로 하나의 우월한 중심이 있고, 중심으로부터 같은 거리에 부분이 대등하게 놓일 때 얻어진다. 중심성은 중심 공간을 포함하며 2차 공간이 주위를 둘러싼다.

중심은 형태적으로 우위에 있으므로 종종 상징적인 의미를 갖는다. 그렇다고 중심 형태가 반드시 주변 요소를 구속함을 뜻하지는 않는다. 중심에 대하여 주변 요소가 서로 대등함을 의미하기도 하여, 중심 형태는 공동체를 상징하는 데 자주 사용된다.

이글루가 그러하듯이 중심형은 입구를 갖기가 아주 어렵다. 판테온도 이글루와 같은 형태이다. 푸에블로 인디언Puebloans의 원형 지하 경당 키바Kiva는 위에서 사다리로 들어가야 한다. 정자가 개방된 구조인 이유도 입구를 만들기가 어렵기 때문이다.

피사Pisa의 산 조반니 세례당Battistero di San Giovanni도 원형 평

면에 입구를 내기가 어려워 벽에 출입구만 두었다. 원형 평면에 열주랑을 두른 건물은 이런 출입구에 전이 공간을 주기 위함이었다. 로마의 산타 코스탄차Santa Costanza 성당에는 좁고 긴 입구가 어렵게 나 있고 출입에 편리하도록 열주랑도 둘렀다.

이 형태가 발전하면 '공간 속에 공간'을 두어 더 적극적으로 내부와 외부를 분리하는 내포內包 형태가 된다. 빌라 아드리아나의 바다 극장Teatro Maritimo이 그런 예이다. 마찬가지로 빌라 아드리아나에 있는 피아차 도로Piazza d'Oro 파빌리온은 내포된 공간의 곡면 벽을 기둥의 스크린으로 만들어 공간을 확장했다.

디디마Didyma의 아폴로 신전Temple of Apollo은 두 열의 장대한 열주와 높은 벽 안에 작은 신전을 내포한 것이며, 존 소운 자택Sir John Soane House의 아침 식당은 돔을 가진 캐노피로 덮인 볼륨으로 중심성을 다시 획득한 것이다.

아폴로 신전이 외부 공간의 내포 방식이라면, 존 소운 자택은 내부 공간의 내포 방식이다. 루이스 칸이 설계한 미국의 필립스 엑서터 도서관Phillips Exeter Academy Library에서는 책이 있는 콘크리트 건물이 독서 공간 바깥쪽의 조적구조 건물에 내포되어 있다. 미크베 이스라엘 시나고그Mikveh Israel Synagogue•의 강당과 주일학교에서는 원형 공간이 사각형 평면에 내포하여 빛의 원통이 됨으로써 역전된 중심성을 만든 흥미로운 예다.

정방형 내포 형태에서 축이 강조되고 모퉁이를 제거하면 프라토Prato의 산타 마리아 델레 카르체리Santa Maria delle Carceri 같은 십자형 평면이 생긴다. 레오나르도 다 빈치가 스케치한 여러 교회는 십자축, 대각선축을 가진 다양한 중심형 공간을 고안했다. 한편 로마 도무스 아우레아Domus Aurea의 팔각형 홀에 붙은 방들은 중심성과 방사성이 대등하다. 이런 구성에서 방이 통로로 확장되면 중심은 동선의 교차점이 되며 구별된 중심의 의미는 상실된다.

중심의 내부가 비어 있고 그 주변에 다른 요소들이 조직되면 중정형이 되는데, 대표적인 예는 아트리움 주택이다. 아트리움은 동선, 채광, 환기뿐만 아니라, 프라이버시를 유지하는 데 유효

하다. 작은 집들이 따로 지어져서 중정을 둘러싸는 발리의 주거는 채로 나뉜 우리의 전통 주택과 비슷한 데가 있으나 중정은 내외부와 기능이 충분하게 분화되어 있지 않아서 거실의 기능이 더 강하다. "중정은 물리적으로 만나는 장소이자 마음이 만나는 장소다."라는 루이스 칸의 말대로, 중심을 비워두는 이유는 공동체를 형성하기 위함이다.

봉정사 영산암에는 공동체를 형성하는 마당이 마음의 장소로 나타나 있다. 중정을 둘러싸며 동선이 연속되는 형식은 회랑형이다. 영산암에서는 툇마루와 대청이 연결되어 회랑 역할을 겸하며 마당을 한정하기도 한다.

중심형은 공간을 안으로 응축할 뿐 아니라 외부로 확산하기도 한다. 알도 반 에이크는 중심의 두 가지 성질을 이렇게 말한다. "사람들은 모여 앉는다. 움푹 파인 안쪽 중심을 향해 동심원을 그리며 둘러앉은 경우, 또는 솟은 바깥쪽의 지평선을 향해 둘러앉은 경우다. 이는 두 가지의 중심성, 다시 말해 끊어낼 수 없는 두 가지 상태라 할까 아니면 별개의 상태라고 할까? ...... 인간은 중심에도 속박되고 지평선에도 속박되어 있다."[93]

흥미로운 점은 중심형이 내면을 향하는가, 저 멀리 지평선을 향하는가 묻는 두 종류의 중심형이 있다는 것이다. 독락당은 별채 정자인 계정溪亭을 중심으로 한 "움푹 파인 안쪽의 중심"이지만, 영주 부석사 무량수전은 "바깥쪽의 지평선을 향해 둘러앉은" 중심이다. 가우디의 구엘 공원Park Güell에 있는 파라페트 벤치parapet bench는 내향적 중심성과 외향적 중심성을 이은 것이다. 바깥을 향하는 곡선은 커다란 중정을 바라보게 하고, 안쪽을 향하는 곡선은 둘러앉은 사람들을 친밀하게 결합한다.

선형

선형은 중심형과 반대로 길이나 복도와 같은 선적인 요소에 다른 부분을 부가하는 구성 방식이다. 평면에서 선으로 보여 선형이라 부르지만 경험적으로는 길로 인식되는 구성이다. 중심형이 정적이라면, 선형은 변화하지 않는 강한 공통 요소를 둔 채 방향과 운동 그리고 시간에 따른 변화에 쉽게 대응한다. 때문에 이 구성은 특정한 장소에서 형태와 방향을 결정하는 데 많이 쓰인다. 선형 도시의 원형인 사이프러스Cyprus 키로키티아Khirokitia를 보면, 중앙 도로가 마을 경관의 중심이자 정보 전달 또는 공유 장소로 쓰이며 지형에 대응했음을 알 수 있다.

가장 간단한 선형은 평면상 점으로 표현되는 기둥의 열로 만들어진다. 이것이 발전하면 목조 지붕이나, 앙리 라브루스트 Henri Labrouste의 파리 생트주느비에브 도서관Sainte-Geneviève Library 천장 형태에서 보듯이 선형 공간은 연속적인 구조로 결정되는 수가 많다. 또 산타 마리아 마조레 대성전Basilica di Santa Maria Maggiore 처럼 회중석과 측랑의 천장 높이에 차이를 두어 긴 공간을 다시 수직으로 분리하거나, 선형 공간 끝에 앱스와 같은 중심형 공간을 덧붙여 축성을 강조하는 경우가 많다. 그러나 같은 선형 공간이라도 종점에 목표 요소가 없으면 구조적인 형태가 선형을 이루어도 위계성을 나타내지 못한다.

선형 공간에서는 공간의 축 위에서 운동이 진행된다. 따라서 선형 공간에는 시작이 있고 종점이 있다. 기본형은 그리스 신전의 모체가 된 메가론인데 입구, 몸체, 목표점 등 세 단계로 구분되는 것은 고딕 대성당과 마찬가지다. 이 선형 공간의 운동은 도시에도 나타나는데, 로마 산탄젤로 다리Ponte Sant'Angelo에서 성 베드로 대성전의 발다키노에 이르는 전개는 여러 선형 공간을 장대하게 결합한 예다.

페르가몬Pergamon의 고대 그리스 야외극장 좌석은 선형이 지형과 주변 경관에 얼마나 잘 대응되는가를 보여준다. 우르비노 대학Università degli Studi di Urbino 기숙사와 같은 선형은 테라스가 부채꼴로 확장하는 고대 그리스 극장의 구성 원리와 같다.

선형 공간은 다양한 프로그램에 쉽게 대응한다. 그리스의 레프칸디Lefkandi에서 발굴된 그리스 철기 시대 유적은 신전 형태의 기원이 되는 기념적 건물로, 제한된 구조 조건 속에서 필요한 기능을 선형으로 증식해가는 이점이 있다. 몇 개의 중정이 있는 고대 로마 주택이나, 이탈리아의 파비아대학Università degli Studi di Pavia처럼 중정을 가진 단위가 선형으로 연결되는 경우도 원리적으로는 같다. 몰타Malta의 간티야 사원Ggantija Temples은 중앙 통로 좌우에 방을 배치하고 이를 선형으로 반복한 것인데, 공적인 장소를 두고 그 주위에서 단위를 결합한 루이스 칸의 브린모어대학 기숙사와 의미도 같고 배열도 같다.

선형의 공동 통로는 부분의 출입을 원활하게 해준다는 점에서 표현 대상이 된다. 건축가 제임스 스털링James Stirling의 올리베티 본부Olivetti Training School는 방이 연속적으로 접해 있는 선형 통로에 홀과 계단이 붙어 다양한 공간이 만들어져 있다. 농촌 마을의 길에는 주택이 이어지고, 그 뒤로 광활한 토지가 연결된다. 일본 시마네현島根県의 이즈모出雲 마을처럼 주택과 관련 영역은 선형의 길에 직교하며 붙는다. 오스트리아의 뫼르비시Mörbisch 마을에서는 길에 가까운 데부터 사람, 동물, 헛간 등 자신의 목적에 맞게 가늘고 긴 토지를 분할한다. 이 토지는 다른 주택과 공통성을 갖고 분할된다. 엘리아 젱겔리스Elia Zenghelis와 렘 콜하스의 라빌레트 공원Parc de la Villette 계획에서 주요 통로에 직교하여 공통 기능을 가진 띠를 배열한 것도 이와 같은 선형을 응용한 것이다.

척추에 해당하는 선형 요소를 평행하게 반복하면 간단하게는 고대 그리스 올린투스Olynthus에 있는 주거 블록과 같은 형상을 얻는다. 그러나 척추에 직교하는 2차 동선을 연결하면 베를린자유대학교Freie Universität Berlin와 같이 격자 안에 세포를 증식하는 듯한 형상을 얻게 된다. 이러한 선형은 최소의 조직으로 최대의 접촉 기회를 주고, 건물에 성장과 변화의 잠재력을 준다. 버지니아대학교University of Virginia와 소크생물학연구소 모두 선형 통로를 따라 단위 공간을 집합한 구성으로 중정을 두고 대칭 이동한다는 점에서 공통적이다.

점진적인 변화와 성장은 중심을 에워싸고 수직으로 상승 운동을 일으킬 때 만들어진다. 여기에는 사마라Samara의 지구라트처럼 나선형 매스로 나타내거나, 구겐하임 미술관처럼 관람자 스스로 운동하여 나선형 공간을 체험하는 두 가지 경우가 있다. 지구라트 형태의 벨기에 문다네움 박물관Musée Mundaneum은 '우주 산'의 이미지를 나타낸 것이며, 무한성장 미술관Museum of Unlimited Growth은 나선 형태를 평탄하게 한 것이다. 르 코르뷔지에의 나선 형태는 성장 곡선, 조개 형태, 황금 구형과 관련되어 있다.

선형에 따른 공간의 깊이는 생활의 드라마를 위한 공간을 만들어낸다. 팔라디오의 테아트로 올림피코Teatro Olimpico는 면을 투시도적으로 배열하고 공간의 깊이를 준 대표적인 예다. 이런 극 장적 공간의 깊이는 피렌체에 있는 우피치 미술관Galleria degli Uffizi 에도 잘 나타나 있다. 중앙의 아치를 통해 우피치 미술관과 베키 오 궁전Palazzo Vecchio을 지나 피렌체 시뇨리아 광장Piazza della Signoria 을 잇는 선형 공간은 대성당의 돔에서 초점을 맺는다. 베르사유 Versailles에서는 대각선의 축으로 무한한 공간의 깊이가 도시 스케 일로 강조되어 있다.

방사형

방사형은 중심형과 선형을 합한 것이다. 흔한 예는 아니다. 네로의 황금 주택Nero's Golden House이라고도 하는 도무스 아우레아Domus Aurea는 팔각형인 중정에 방들이 붙어 있다. 그런데 이 방만 보면 중심형이다. 커다란 중심형에 2차적인 중심형이 붙어 있어서 중 심형이 길게 밖으로 뻗어나가는 듯이 느껴진다.

방사형과 중심형은 크게 보면 모두 중심형이지만, 2차적인 요소로 중심형이 확장되면 방사형이라고 한다. 2차적 구성 형태 가 길게 이어지면 공간열空間列이라고 부른다. 이런 공간열이 길어 질수록 중심은 더욱 특정한 의미를 갖는다. 이 형식은 긴 중복도 에 많은 방을 배열하는 감옥이나 병원에 많이 사용되었다. 위계적 성격이 아주 강하여 중심에 감시자나 관리자를 두면 많은 사람들 을 통제할 수 있기 때문이다. 그렇지만 공간열의 방향이 일정하지 않아 자기가 어떤 열에 와 있는지 인식하기 어렵고, 길게 방사하는 공간열을 적절하게 처리하기가 매우 어렵다.

　명확한 방사 형태는 아니지만, 공간이 방사하도록 계획된 것도 이에 속한다. 미켈란젤로의 스포르차 경당Cappella Sforza은 중심형 건물이지만, 대각선 위에 기둥이 침입하고 불완전한 통로가 좌우에 놓임으로써 공간은 중심성을 잃고 방사형으로 확산된다. 미스 반 데어 로에가 베를린 주택 전시회에 제출한 주택 설계에서도 벽면은 외부를 향해 방사하며 위치에 따라 내부 공간의 방향성을 대립시킨다. 근대건축은 기본적으로 방사하는 공간에 입각한다.

격자형

격자형은 엄밀하게는 선형을 직교시킨 것이다. 격자는 좌표로 공간적 위치를 결정하기 때문에 아무리 먼 지점이라도 질서를 줄 수 있다. 또한 최소한의 방식으로 규칙적인 형태를 만들고, 실제 대지 안에서도 풍부한 융통성을 주기 때문에, 격자는 아무런 참조점이 없는 상태이거나 앞으로 만들어질 형태를 구성하는 데 사용된다. 알제리의 팀가드Timgad처럼 주변 환경에 뚜렷한 동기가 보이지 않는 식민지에 새로이 도시를 계획할 때 많이 사용되었다.

　고대 그리스 도시 밀레토스Miletus는 격자가 전체 형태를 규정하고 있지만, 실제로는 다양한 변화에 대응하면서 공간의 위계를 구성했다. 인간의 이용을 위해 공간을 최소한으로 분절한 그리스시대 건축, 대규모 공간을 대칭적으로 배치한 헬레니즘시대 건축, 공간 단위를 장방형으로 분해하고 주랑으로 닫은 로마시대 건축 등이 이 도시에 연결되어 있다. 5세기에 걸쳐 서로 다른 배경을 가진 건축이 무리 없이 관계 맺는다는 사실은 격자형의 질서와 융통성을 나타낸다.

　건축에서 가장 많이 사용되는 형태는 정사각형 격자다. 네변이 다른 정사각형과 연속적으로 연결되기 때문이다. 고전건축에서 기둥 하반부의 굵기를 모듈로 한 비례 법칙을 중요하게 여긴 이유는 기둥의 수평 길이, 베이스에서 코니스에 이르는 수직 길이, 그리고 건물의 깊이가 실은 기둥 하반부의 굵기를 한 변으로 하는 3차원 격자 안에 놓이기 때문이다. 고전건축의 비례 이론은 정육면체의 격자 안에서 부분을 결합하는 것이었다.

격자형이 기둥으로만 이루어지는 경우는 데카르트 격자처럼 무한 공간을 전제로 한다. 이 공간은 방향이나 중심이 없으며 인간의 신체적 경험과 대립된다. 미스 반 데어 로에의 '보편 공간'은 페르세폴리스의 백 개의 원기둥 홀이나 이집트 신전의 다주실에 닿아 있다. 그러나 대부분의 경우 기둥은 내부 칸막이로 가려져 공간의 모습을 결정하는 데 주도적인 역할을 하지 못한다.

스페인 코르도바Córdoba의 모스크는 135×135미터를 차지하는 거대한 기둥의 숲이다. 특정한 방향을 나타내는 축도 없고 중심적 초점도 없다. 그러나 공동 기도가 행해질 때면 기둥에 기대어 개인적으로 기도하는 사람으로 가득 찬다. 곧 격자형을 이루는 기둥의 숲이 예배드리는 자에게는 공간의 좌표점이 되는 것이다. 프랑스 카르낙 거석군Carnac Megaliths처럼 거석이 주변을 도는 회전의 초점도 되고 지향의 초점도 되는 것과 마찬가지다. 프랭크 로이드 라이트의 존슨 왁스 빌딩Johnson Wax Building에서는 원형 슬래브가 붙은 버섯 모양의 기둥이 회전과 지향의 초점 역할을 동시에 하고 있다. 이때 기둥은 공간 단위로 작용한다.

루이스 칸은 예일 영국 예술센터에서 근대의 대표적 공간인 격자형을 '방'이라는 공간 단위로 바꾸고, 내부에 중정을 두어 격자형이 잃고 있던 방향성, 중심성, 위계성을 도입했다. 그러나 역시 새롭지는 않다. 가까운 예로 경북 월성 향단을 보면, 두 개의 작은 마당이 격자형 속에서 중심이 되고 방향을 결정하며 영역을 구분하고 있다.

이중 격자는 주요 공간과 동선을 분리하기 위해 사용된다. 고전건축에서는 사각형의 전후좌우를 a-b-a의 다른 간격으로 분할하는 3분할 중심형을 많이 사용하였다. 이 3분할 중심형은 이중 격자를 구성하는데, 베네치아의 산마르코 대성전Basilica di San Marco과 프랑스 페리괴의 생 프롱 대성당Cathédrale Saint-Front de Périgueux은 이를 이용하여 공간 단위를 독립시키고 동선을 체계화한다. 특히 프랭크 로이드 라이트의 초기 주택이나 유니티 교회에서는 주공간과 부공간을 구조적으로 구분하기 위해 사용되었다.

　　미국 뉴저지에 위치한 루이스 칸의 유대인 커뮤니티 센터 Jewish Community Center는 이중 격자를 사용하여 큰 격자는 지붕이 덮인 공간 단위로 독립시키고, 작은 격자는 동선 체계로 사용함으로써 기둥만이 결정하는 근대 공간을 수정하려 했다.

군집형

군집형은 집합하는 요소의 근접성이 더 중요하며 요소의 형태와 크기는 무관하다. 다만 기본적으로 요소의 형태가 완결되어야 군집형을 이룬다. 이 형태는 인간의 정주지를 의도적으로 설계하기보다는, 시간의 변화에 따라 증축되거나 변화하는 지형에 대응하고 부가적으로 성장하며 생겨나는 것이 보통이다. 그리스나 로마 도시에서는 공공 건물과 신전이 집합하여 폼페이의 공공 복합장소였던 포럼forum과 같은 도시적 공간을 이뤘다.

　　아프리카의 루구빈Rougoubin 마을은 군집형의 원형을 잘 나타낸다.[94] 방은 개실로 분화되어 있고, 이들은 다시 적당한 크기로 군을 이루어 마을 형태가 점진적으로 만들어졌다. 전체적으로는 중심형이 기본을 이룬다.

　　에게해 산토리니에는 가파른 비탈에 주거군이 군집해 있다. 이런 구성에서 벽과 기단은 집을 막고 들어 올려 차이를 주는 것이 아니라, 이웃하는 요소에 작용하여 길과 작은 결절점을 만들어냄으로써 공과 사의 모호한 관계를 얻을 수 있다. 옥스퍼드 시에서는 윤곽이 분명한 중정이 연쇄적으로 연결되어, 공과 사가 분명히 구별되는 도시가 형성된다.

　　인도에 있는 코르뷔지에의 찬디가르 주지사 관저Governor's Palace of Chandigarh는 격자 공간 속에서 개실을 군집시키고 나머지는 공공 공간으로 만들었다. 산토리니의 군집형과 같은 원리를 따른 것이다. 인도의 파테푸르 시크리Fatehpur Sikri는 커다란 영역 안에서 회랑과 크고 작은 독립 건물이 부분적인 대칭축을 반복하며 연결되어 있어서 전체적으로는 다양한 공간의 군집형을 나타낸다. 이 두 가지 예는 모두 격자 공간과 대칭축이라는 규칙 위에서 군집 형태를 만들었다는 점에서 흥미롭다.

시대의 차이는 있어도 건축 작품은 많은 부분이 변하지 않는 구성 원리에 따라 만들어졌다. 많은 사례를 통해 자세히 살펴보지는 못하였으나, 이해해야 할 점은 변하지 않는 구성 방식은 과거의 지나간 패턴이 아니며, 건축을 통해 이룬 인간의 공통 언어라는 사실이다.

구성하는 자, 건축가

구성은 구속하는 것이 아니다. 구성은 자유와 융통성을 주는 것이다. 라파엘 모네오의 태도에 주목해보자. 그는 구성이란 서로 다른 부분으로 이루어지는 건축의 가능성을 의미한다고 본다.[95] 구성은 지금의 현실을 포함하는 가능성이며, 더 중요하게는 역사와 문맥을 포함하는 가능성이다.

구성은 역사를 더 풍부하게 경험하게 하며 과거에 성공적으로 사용된 건축적 요소를 다시 사용하여 현재의 요구를 만족시킨다. 모네오는 이러한 구성과 달리 전통적인 근대주의자들의 설계 방법을 '프로젝트'라고 부른다. 구성은 이미 있는 요소를 사용하여 현재의 상황을 변형하는 것이지만, 프로젝트는 아직 실현되지 못한 이상을 열망하는 것이다.

구성은 도시에 생기를 주고 새로운 질서를 부여한다. 미켈란젤로가 설계한 로마의 캄피돌리오 언덕 계획Campidoglio Hill Plan은 구성의 이러한 모습을 잘 보여준다.

이 건물은 본래 1536년 카를 5세가 전쟁에서 승리를 거두고 로마로 귀환할 때 장대한 행진을 위해 계획된 것이다. 이때 황제의 행진은 콜로세움에서 포럼을 지나 캄피돌리오 언덕을 넘어 베네치아 광장에 이른 다음, 산탄젤로 다리를 지나 성 베드로 대성전에 도착하게 되어 있었다. 그러나 미켈란젤로가 작업을 시작하기 전에는 중세의 팔라초 세나토리오Palazzo Senatorio와 팔라초 데이 콘세르바토리Palazzo dei Conservatori가 무계획하게 놓여 있었고, 그 사이는 불규칙한 대지로 방치되어 있었다. 그림은 계획이 꽤 진전된 상태를 그린 것인데도 많은 부분이 느슨한 채로 머물러 있다.

기존에 있던 두 건물에 새 건물 하나를 추가하여 세 개의 파사드로 사다리꼴 광장을 만들었다. 이 광장이 있는 캄피돌리오 언덕이야말로 원로원이 놓인 고대 로마 도시의 중심이라고 할 만했다. 1534년 교황에 즉위한 바오로 3세는 하늘의 권위를 상징하는 성 베드로 대성전과 마주보는 자리에 있는 캄피돌리오 언덕에 이 땅의 권위를 상징하는 기념물을 만들고자 했다. 르네상스의 로마가 고대 로마의 진정한 계승자임을 증명하기 위함이었다.

미켈란젤로는 광장 한가운데 마르쿠스 아우렐리우스Marcus Aurelius 상을 놓았다. 이 자리는 세계의 중심이었다. 그리고 언덕의 형태에 맞추어 타원형을 바닥에 깔았다. 타원형 바닥과 그것을 둘러싼 건축물의 구성은 르네상스의 도시 공간을 만드는 방식이 아니었다. 최종적으로 광장의 세 면은 개수된 건물의 파사드로 에워싸였고, 방치된 언덕은 코르도나타Cordonata라는 이름의 완만한 계단으로 강조된 축을 따라 이 광장에 이르게 되어 있다. 또한 캄피돌리오 광장은 포룸과 연결되면서도 도시의 주요부가 내려다보이게 되어 있다. 그 결과 극적인 배치를 통해 광장은 공간적인 볼륨을 가지게 되었으며, 고대 로마와 교황이 이끄는 현대 로마를 연결하는 중요한 도시 공간으로 변신했다. 구성에는 힘이 있다.

"An architect is a composer." 루이스 칸의 이 말을 "건축가는 작곡가다."라고 번역하지 않고 "건축가는 구성하는 자다."라고 번역한다. 칸이 건축가를 구성하는 자라고 말한 이유는 건축은 음악의 음처럼 분리할 수 없는 요소를 다룬다고 보았기 때문이었다.

길고 짧은 음표는 악보 안에서 독립성을 지닌다. 그리고 서로 나누어 갖거나 지배되지 않는다. 음은 연결됨으로써 하나의 커다란 음의 세계를 만들어낸다. 이런 의미에서 '악보는 음의 사회'이다. 건축도 마찬가지로 분리할 수 없는 요소들을 다루고 연결한다. 이것은 앞에서 말한 요소와 통합의 다른 표현이다.

"피아노 앞에 앉아 피아노를 칠 때 나는 작곡하고 있다고 생각한다, 음표가 내 앞에 없기 때문이다." 내 앞에 놓인 악보대로 연주하는 것을 작곡이라고 부르지 않는다. 세상에 없는 음이기에 작곡을 한다. 마찬가지로 건축에서도 세상에 아직 나타나지 않았기 때문에 구성을 한다.

"건축가가 하는 가장 위대한 행동은 구성하는 것이고 디자인하지 않는 것이다." "구성은 다른 건물의 특징과 비교가 되는 어떤 건물의 특징이다."[96] "디자인은 시간을 들여 하는 것이고, 구성은 거의 즉각적인 것이다."[97] 이것은 디자인을 하기 이전에 구성이 있어야 한다는 뜻이다.

그러면 루이스 칸은 어떻게 구성하는가? 그는 '방'을 집합하는 방법을 갤러리와 코트로 나누어 말했다. 갤러리는 복도처럼 길게 방을 이어가는 방법이고, 코트는 방들로 에워싸여서 일단 안에 들어가면 내가 어디로 갈 것인지를 알 수 있게 하는 방법이다.

"아마도 당신은 …… 이 학교가 갤러리로 연결되기를 생각하는 것 같다. …… 이에 나는 그것을 바라보는 다른 방법, 즉 코트를 보여주겠다. 당신은 이 코트로 들어간다. 이 코트에서는 건물들을 본다. …… 그러나 다리처럼 긴 부분에서는 여러 학과를 어쩔 수 없이 스치게 된다. 그러나 만일 당신이 원한다면, 코트에서는 선택해서 들어갈 수 있다. …… 그곳에는 직접 연결되기보다는 오히려 거리를 둔 연합의 감정에 관한 무언가가 있다."[98]

그는 '방'으로서의 코트를 말함으로써 선적인 집합과 중심적인 집합의 차이를 지적한다. 여기에서 두 가지 주목할 개념이 있다. 하나는 선택이고 다른 하나는 거리를 둔 연합의 감정이다. 코트는 에워싸인 방이다. 선적인 집합에서는 어쩔 수 없이 다른 방들을 스치게 되지만, 코트를 에워싼 중심적 집합에서는 어디를 가야할지 선택하도록 해준다. 코트는 그다음에 무엇을 해야 할지 잠시 미뤄두는 '유보留保의 장소'다. 선택은 유보다.

코트는 연합의 감정을 불러일으키는 장소가 된다. 서로 다 알고 있지는 않지만 이 공간에 함께 있다는 느낌을 주고, 공간을 공유하는 사람들이라는 공동체의 인식을 준다. 그러나 "직접 연결되기보다는 오히려 거리를 둔"이라는 표현은 개체와 전체에 대한 현대건축의 과제를 앞서 보여주었다는 점에서 주목할 만하다.

여기에서 루이스 칸이 말하는 선택, 유보, 연합은 '집합되기 이전에 방들을 어떻게 모이게 할까?' '어떤 방들의 사회를 만들까?' 묻는 질문보다 앞서 있다. 에콜 데 보자르에서는 이런 것을 파르티parti라고 불렀다.[99]

파르티란 어떤 건물의 목적이 지니는 본질적인 개념을 결정하고 부분을 집합하는 것이다. 에콜 데 보자르의 교수였던 조르주 그로모르Georges Gromort는 이렇게 말했다.

"평면을 만들 때 파르티의 선택은 이른바 순수한 구성보다 훨씬 중요하다. 특히 처음 시작할 때 그렇다. 구성은 대부분 부분의 조정에 관한 것인데 반해, 파르티는 음악 작곡에 영감을 주는 역할을 하며, 배치나 부분에 주어진 상대적 중요성에 주로 적용된다. …… 구성의 역할은 연결하고 효과 있게 하며 결합하여 전체를 만드는 것이다. 한 부분을 다른 부분, 곧 방이나 도서관, 강당 같은 것에 이으려면 베스티뷸, 계단, 중정, 동선이라는 말로 지칭되는 모든 것의 전체적인 조직을 만들어야 한다."[100]

칸은 1965년 도미니코 수녀회 본원The Dominican Motherhouse과 1966년 성 앤드루 수도원St Andrew's Priory을 설계하던 중에 학생에게 수도원이라는 과제를 주었다. 1967년 밀라노공과대학Polytechnic Institute of Milan의 강연회 발표 자료에는 구성에 대한 인도 학생 둘과 영국 학생, 그리고 칸의 의견까지 네 가지 입장이 드러나 있다. 칸이 '방'을 어떻게 집합했는가를 보여주는 중요한 문장이 담겨 있다.

"문제는 수도원이었다. 우리는 이제까지 수도원이 존재하지 않았다고 가정하고 이 과제에 착수했다. 나는 요소를 공동체로 만들려는 생각, 다시 말해 여러 요소를 하나의 자기보완체自己補完體로 결합하려는 생각을 가진 은둔자였다. 우리는 수도사, 식당, 경당, 수도원의 개실이라는 말을 잊어야 했다. 2주 동안 우리는 아무것도 하지 않았다.

2주가 흐른 뒤 인도 여학생이 이렇게 말했다. '저는 개실이 이 공동체에서 가장 중요하다고 확신합니다. 그 개실이 경당이 존재할 권리를 주고 경당은 식당이 존재할 권리를 줍니다. 그리고 식당은 개실에서 존재할 권리를 얻지요. 더욱이 묵상실도 개실이 있기에 존재하는 것이고, 작업장도 개실이 있기에 존재한다고 봅니다.'

가톨릭 신자가 아닌 다른 인도 남학생은 이렇게 말했다. '저는 미나Menah의 의견에 동의합니다. 그러나 저는 다른 중요한 생각을 덧붙이고 싶습니다. 개실은 경당과 동등해야 하며, 경당은 식당과 동등해야 하고, 식당은 묵상실과 동등해야 합니다. 모든 구성 요소는 다른 것과 동등해야 합니다. 어느 하나가 이전에 있었던 것이나 다른 것보다 나은 것이 없다고 봅니다.'

굳이 말하자면 이 두 학생은 디자인을 잘하지는 못했지만, 그들의 말에 들어 있는 영감inspiration은 수업에서 상당한 길잡이가 되었다.

가장 총명한 영국 학생은 훌륭한 디자인을 만들었는데, 그는 그 디자인에서 새로운 요소를 생각해냈다. 그중 하나는 수도원을 지배하는 난로의 필연성이었다. 또 그는 중앙부에서 반 마일 떨어진 곳에 식당을 두고 이어서 묵상실을 두었다. 그는 이렇게 덧붙였다.

'수도원 가까이에 묵상실을 두는 것은 묵상실에 대한 경의를 나타내기 위함입니다. 왜냐하면 수도원의 중요한 부분인 식당은 묵상실에 부속되기 때문입니다.'

과제로 준 바로 그 수도원을 설계하고 있었는데, 나는 학생들과는 다른 것을 생각하고 있었다. 예를 들어 입구 건물gateway building이 그것이다. 출입구 건물은 내부와 외부의 접합점이다. 그것은 세계종교회의의 센터를 의미한다."[101]

여기서 "요소를 공동체로 만들려는 생각" "여러 요소를 하나의 자기보완체로 결합하려는 생각"은 독자적인 방을 어떻게 결합하여 더 큰 독자적인 방을 만들지 묻는 것이다. 요점은 세 가지다.

첫 번째는 기존의 관념에서 벗어나기 위해 수도원이라는 시설의 본질을 탐구하는 것, 두 번째는 이와 관련해 나뉠 수 없는 부분이 있다는 것이다. 이제까지 수도원이 존재하지 않았다고 가정한 것은 기존 관념에서 벗어나기 위함이다. 바로 '파르티'를 탐색하는 것이다. 세 번째는 방과 방의 관계를 어떻게 설정한 것인가에 관한 논의다.

먼저 두 인도 학생은 요소와 상호 관계를 말한다. 여학생은 개실-경당-식당이라는 요소에 차이가 있어서 위계적으로 연결되어야 한다고 보았다. 그러나 남학생은 요소가 다르기는 하지만 독립적이라는 점에서는 동등하다고 보았다.

그런데 이 두 의견에는 문제가 있다. 그들이 말하는 개실, 경당, 식당이란 기존 시설을 구성하는 요소를 전제로 한 것이지 "이제까지 수도원이 존재하지 않았다고 가정한 것"에서 나오지 않았다. 여기에 영국 학생은 수도원을 지배하는 난로로 시설의 의미를 생각했다는 점에서 새롭게 정의한 것이 못 되었다. 이렇게 해서 구별된 방은 기본적으로 기능주의의 방식에 따라 떨어진 곳에 위계적으로 분리되었다.

그러나 칸은 이 세 가지 입장에 상반된다. 그는 수도원이라는 시설의 본성이 성과 속, 외부와 내부가 만나는 데 있다고 보았다. '파르티'였다. 그러기 위해서는 인도 남학생처럼 이 두 성질이 독립성을 가지고 분리되면서도, 인도 여학생처럼 수도원의 신성함은 지켜져야 한다. 그러나 난로라는 이미 잘 아는 바가 아니라 입구 건물에서 답을 찾고자 했다.

루이스 칸이 설계한 도미니코 수녀회 본원 계획은 비록 지

어지지는 못했어도 방들이 모여 사회를 이룬다는 생각을 잘 나타
낸다. ㄷ자 모양으로 수녀원의 개실이 둘러싸고 있고, 보통은 중정
이 될 부분에 여러 건물이 파고 들어와 있다. 형태만 보면 ㄷ자 안
에 여러 정사각형을 적당히 흩트려놓은 구성처럼 보인다.

성당이나 식당 평면의 주변을 주목해서 보자. 성당 안에서
다른 곳으로 갈 수 있는 방법은 입구동, 수녀원 개실이 있는 동,
식당, 손님 식당 등 네 가지다. 그리고 식당에서도 주변을 지나가
면 수녀들의 다른 개실 동으로도 이어지고 청원 수녀, 수련 수녀,
서원 수녀 등이 ㄷ자 평면에 각각 구분되어 있다. 다른 도면에서
겹게 그려져 있는 것은 서로 달리 구분된 영역을 연결해주는 통
로를 따로 그린 것이다.

가운데 정사각형 건물들은 입구동, 성당, 식당, 교실 등인데,
복도가 없이 모퉁이에서 이어져 있다. 수도원을 크고 작은 방으로
만들겠다는 생각이 있었기 때문이다. 수녀들은 같은 시간에 성당
에 모이고, 식사하며, 교실에서 공부하거나, 다른 일을 한다는 사
실에 착안했다. 이들이 공동으로 모이는 방을 뚜렷하게 독립시키
기 위해 정사각형을 따로 만들어 연결했다.

이 계획에서는 수녀들이 성당에 모일 때 수녀원의 중심은
성당이며, 식사를 할 때는 식당이 수녀원의 중심이 된다. 여기서
중심이란 사회적 관계 안에서 중심이라는 뜻이다. 건축물의 평면
은 물질로 짓기 위한 도면이기도 하지만, 다른 한편으로는 사람들
의 사회적인 관계를 공간으로 표현하는 것이다.

4장

건축과 빛

건축은 빛을 조형한다. 빛은 인간이 생존하는
조건 자체다.

빛

구조는 빛을 주는 것

공간 안에서 빛에 감싸이는 기쁨을 모르는 사람이 어디에 있을까. 프랑스 르 토로네 수도원Le Thoronet Abbey 성당의 제대에는 아주 작은 창을 통해 한 줄기 빛이 압축되어 들어온다. 르 토로네라는 시토회 수도원은 프랑스 남부 프로방스에 있는 로마네스크 시대 건축물이다. 빛은 반원형의 벽면을 타고 돌의 표면 위를 도포한다. 어떻게 이런 빛이 가능할까? 빛이 돌로 만들어진 벽면과 창을 만나지 않으면 결코 만들어질 수 없다. 오직 건축물만이 이러한 '빛'을 만들어낸다.

빗방울은 물체에 닿았을 때 소리를 낸다. 똑같은 빗방울인데도 떨어지는 물체에 따라 소리가 다르게 들린다. 빗방울이 떨어지는 소리를 모아서 음악을 만든 영상[102]을 보면, 빗방울이 꽃잎을 적시면서 나는 소리도 있고 빗방울이 부드러운 흙에 스며들면서 나는 소리도 있으며 빗방울이 돌멩이에 떨어지면서 나는 소리가 있다. 마찬가지로 빛도 물체에 닿았을 때 소리 없는 소리를 낸다. 똑같은 빛인데도 빛이 부딪히는 물체에 따라 빛의 모습이 다르게 나타난다.

건축이 빛 아래 놓이기 전에 그것이 지어질 땅이 먼저 빛 아래 놓여 있다. 프랑스 화가 앙리 에밀브누아 마티스Henri Émile-Benoit Matisse는 프랑스 남동부 생폴드방스Saint-Paul-de-Vence라는 자기 마을에 대해 이렇게 말했다. "이곳은 빛이 주인공이 되는 땅이다. 색채는 그다음에 나온다. 가장 중요한 것은 빛을 느끼는 것이다. 당신 안에 이미 빛을 가지고 있어야 한다."

건축은 그런 빛 아래 놓여 있다. 인간이 만든 물건 중에서 건축만이 언제나 안과 밖 모두 빛을 받으며 존재한다. 빛은 회화와 조각물을 비춰준다. 회화는 빛을 묘사하고 조각은 빛을 받아 반사할 수 있다. 그렇지만 회화나 조각은 빛을 가두거나 빛 그 자체를 조형해낼 수 없다. 건축만이 빛을 가두고 빛을 조형하며, 빛

안에서 사람들은 서로 대면할 수 있다. 건축에서 빛은 직접적이며, 빛이 건축을 만든다.

빛은 물체를 통해서만 인식된다. 속이 비치며 소용돌이치는 연기라 할지라도 반사하는 물체가 있어야 빛은 지각된다. 바꾸어 말하면 형태는 빛이 없으면 지각되지 않는다.

문자학의 고전 『설문해자說文解字』에서도 빛光을 '明명'이 아니라 '囧명'으로 썼다고 한다. 이때 '囧명'에 붙은 '囧경'은 벽에 낸 창이다. 창으로 들어온 달빛 같은 밝음이 빛이었다. 창窓은 본래 '窻창'이라고 썼다. '窻'은 지붕에 낸 창을 뜻하는 '囪창'에다 구멍을 뜻하는 '穴혈'을 붙인 것이다. 벽을 뚫기가 어려워 창을 지붕에 만들었기 때문이다. 창이 있어야 빛이 들어오고 그래야 밝다는 의미다. 건축을 만들기 위해서는 기둥을 세우고 벽을 쌓고 지붕을 얹어야 하는데 기둥, 벽, 지붕은 빛을 조형하기 위한 것이었다.

빛은 물체를 통해서만 인식되며 형태가 있어야 비로소 지각된다. 빛은 소리처럼 물질과 형태를 만나면 흩어진다. 때문에 빛은 물질과 형태를 건축으로 완성하는 무형의 재료다. 루이스 칸은 이렇게 말했다. "한 위대한 미국의 시인이 건축가에게 물었다. '당신의 건물은 태양의 어느 조각을 가지고 있습니까?' 마치 태양이 건물의 한 벽면에 부딪치지 않으면 자신이 얼마나 위대한지 알지 못했다는 듯이." 이 문장에 나오는 시인은 월리스 스티븐스Wallace Stevens다. 빛이란 물체와 함께 존재한다.

창을 통해 들어온 빛은 인간과 공간에 생기를 준다. 네덜란드 화가 요하네스 페르메이르Johannes Vermeer의 1669년 작품 〈지리학자De Geograaf〉에는 창을 통해 방 안에 들어온 일상적인 빛의 모습이 그려져 있다. 빛과 인물의 움직임이 순간적으로 포착되어 있고, 다양한 빛이 공간에 생기와 깊이를 주고 있다. 내부를 빛이 아닌 오직 형체와 색채로 묘사한 프랑스 화가 에두아르 뷔야르 Édouard Vuillard의 1896년 작품 〈책 읽는 사람Un Lecteur〉에는 이러한 일상의 생기가 묘사되어 있지 못하다.

이와 마찬가지로 카를로 스카르파가 설계한 포사뇨Possagno

에 있는 카노바 미술관Museo Canova 증축부에는 이탈리아 조각가 안토니오 카노바Antonio Canova의 조각들이 전시되어 제각기 독자적인 빛을 받아 생기를 얻고 있다.

스카르파는 이 미술관의 빛을 이렇게 말했다. "빛은 미술관을 개수할 때 직면한 문제였다. 나는 회화가 아니라 조각을 다루어야 했는데, 그것도 대리석이나 목재 조각이 아니라 플라스터로 만든 주물이었다. 플라스터는 나쁜 날씨에 민감하고 빛이 필요한 무정형 재료여서 빛 아래 두어야 한다. 해가 조각의 주위를 돌면 조각은 결코 소극적인 인상을 주지 않는다."[103]

이전 전시실은 중앙 통로 양쪽에 전시된 조각 작품을 천창의 빛으로 균질하게 비추었다. 그러나 그는 증축한 전시장에 센 빛과 약한 빛을 두어 들어오자마자 보이는 조각을 역광으로 놓이게 했다. 앞에 있는 조각은 어둡게 하고, 그 앞에 놓여 강한 빛을 받고 있는 또 다른 조각에 눈이 가게 하여 공간의 깊이를 주었다. 어떤 것은 빛으로 감싸여 있고 다른 어떤 것은 빛을 배경으로 실루엣이 강조되기도 한다. 한가운데 기둥 옆에 놓인 조각은 틈으로 새어들어오는 빛을 마주하고, 어떤 조각은 위에 난 두 개의 창에서 떨어지는 빛을 받으며 누워 있다. 빛과 공간, 밝음과 어두움, 그리고 이동하면서 조각을 비추는 빛의 세기가 달리 보이게 했다.

빛은 언제나 변한다. 변화는 생활에서 경험의 한 부분이며 변화하는 빛으로 시간을 경험한다. 클로드 모네Claude Monet는 같은 대상이라도 빛의 변화에 따라 형태와 색채가 달라짐을 〈건초 더미 연작Les Meules à Giverny〉으로 증명해보였다. 시시각각으로 변화하는 빛을 하나의 캔버스에 그릴 수 없어서 이젤을 여러 곳에 세워놓고 빛이 변할 때마다 이리저리 옮겨 다니면서 건초 더미를 그렸다고 한다. 조금만 주목해보면 방이나 광장[104]에 들어오는 빛과 그림자가 얼마나 다양하며 그것으로 하루가 어떻게 지나가고 계절은 어떻게 바뀌는지 쉽게 경험할 수 있다.

건축 공간은 빛에 따라 밝음, 그림자, 그늘로 얽힌다. 더욱이 빛은 여러 통로를 통해 건물 안에 들어와 반사하고 굴절한다. 르 코르뷔지에는 창을 통해 벽과 바닥에 빛이 비치는 현상이야말로 내부를 구성하는 건축 요소의 전체라고 생각했다.

"사람이나 빛이 지나는 구멍인 출입구나 창이 있다. 구멍은 밝기도 하고 어둡기도 하며 쾌활하거나 슬프기도 한다. 벽은 빛으로 빛나거나 반쯤은 그늘이 되거나 완전한 그늘이 되어, 유쾌해지고 마음을 고요하게도, 슬프게도 만든다. …… 빛이 비치는 벽을 만든다는 것은 내부의 건축적인 요소를 구성하는 것이다."[105]

그 방에는 그 방의 빛이 있다. 빛은 방의 고유함을 나타낸다. 그런데 빛은 변한다. 그렇기 때문에 방의 모습은 시간에 따라 변한다. 코르뷔지에는 방은 명확한 구조로 이루어진 것이므로 구조에 따라서 빛을 받는 방에 대해 이렇게 말했다. "자연의 빛이 없는 건축에서는 공간은 결코 자신의 장소에 이를 수 없다." 방의 상황은 구조가 주는 빛으로 결정된다. "자연의 빛은 공간에 들어와 공간을 바꿀 때, 하루와 계절 속에서 미묘한 차이로 공간에 분위기를 만들어낸다."[106]

그는 이렇게도 말했다. "정사각형인 방을 선택한다는 것은 정사각형의 빛을 선택하는 것이며, 이 빛은 형상이 다르고 다른 방과 구별된다. 어두워야 하는 방조차도 방이 얼마나 어두운지를 알기 위해 틈에서 새어 나오는 빛이 필요하다. 그러나 방을 계획하는 오늘날의 건축가들은 자연광에 대한 신뢰를 잊어버리고 말았다. 그들은 스위치에 손만 대면 된다고 여기고 정적인 빛에 만족할 뿐, 끊임없이 변화하는 자연광의 특성을 잊어버리고 있다. 자연광 속에서 방은 시간이 변함에 따라 다른 방이 된다."[107]

르 토로네 수도원 중정에도 여러 가지 빛이 있다. 벽면 전체가 받고 있는 한 가지 빛, 원기둥을 타고 조금씩 다르게 분포하는 빛, 밝은 곳에서 어두운 곳으로 변하는 빛, 그림자에 겹쳐 나타나서 그림자의 윤곽을 흐리게 만드는 빛, 벽을 타고 들어오는 빛, 건축 부재의 크기를 명확하게 해주는 빛…….

르 코르뷔지에는 르 토로네 수도원의 빛에 대해 "빛과 그림자는 건축의 진실과 고요함과 강도強度를 증폭하는 확성기다. 이

이상 건축에 덧붙일 것은 없다."[108]라고 단정한 바 있다. 건축을 만
드는 것은 이러한 빛을 만들도록 돕는 것이고, 빛을 위해서 조형
하는 것이다.

건축은 단지 물체만을 조형하지 않는다. 건축은 빛을 조형
한다. 빛은 인간이 생존하는 조건 자체다. 티피 위에 난 창은 '고요
함과 강도를 증폭하기' 전에, 빛과 집의 구조가 그들의 생존을 위
해 존재함을 말해준다. 빛이 없으면 사물을 전혀 알아볼 수 없다.
빛의 밝기가 모두 같아도 마찬가지로 사물을 볼 수 없다. 빛과 어
두움, 빛과 그림자가 함께 나타날 때 비로소 사물을 제대로 볼 수
있다. 빛의 이야기는 어두움과 그림자와 그늘에 대한 이야기다.

신고전주의 건축가 에티엔루이 불레Étienne-Louis Boullée도 빛
과 그림자로 경험되는 건물의 전체적인 인상을 타블로tableaux라
부르고, 이것을 건축을 결정하는 중요한 요소로 보았다. 낮과 밤,
그리고 봄과 여름에 따라 건물의 성격을 다르게 만드는 것은 최종
적으로 빛이라는 것이다. 자연의 힘을 도입할 때 가장 중요한 것
이 빛이며, 빛을 충분히 발휘할 때 건축은 예술의 최고 영역인 시
에 가까워진다고 했다.

아주 먼 옛날 건축물이 빛을 받아들인다는 것은 정말 어
려운 일이었다. 그리스 크레타Kreta의 3-4층 높이 크노소스 궁정
Palace at Knossos 건물은 무려 3,000년 전에 만들어졌다. 그리고 남
쪽 빛이 잘 드는 방에 왕의 방을 두고 창을 세 개 두었다. 그래봐
야 창의 폭이 1미터도 안 된다. 최고 권력자의 방에 있던 창이 그
랬다. 그뿐인가? 이집트 신전의 다양한 채광법을 보면 돌로 결구
된 집에서 안쪽 깊은 곳까지 빛을 받아들이기 위한 개구부 제
작이 얼마나 어려운지 알 수 있다. 덴데라Dendera의 하토르 신전
Temple of Hathor에서 보듯이 벽과 천장이 만나는 이음매라든지 지
붕을 조심스럽게 뚫어 만든 것은 창이 아니라 오히려 틈이었다.
틈을 통해 들어오는 빛은 마치 스포트라이트처럼 내부를 비춘다.

카르나크 신전의 다주실 기둥은 엄청나게 높고 두껍다. 빛
으로 어두움을 가로지르며 신전을 소생시키고 신에게 생기를 불

어넣어 내부를 장엄하게 만들기 위함이었다. 주변부보다 높은 기둥을 세우고 그 높이 차이로 들어오는 빛에 돌로 만든 차양인 브리즈솔레이유brise-soleil를 붙여 빛을 확산시켰다. 이렇게 행렬 방향으로 길게 빛이 들어오도록 고창高窓을 낸 부분을 클리어스토리clerestory라 한다. 그러나 기둥과 기둥의 간격은 얼마 안 된다. 빛을 얻기 위해 물체와 공간 사이에서 얼마나 격렬하게 투쟁해왔는지를 여실히 증명해준다.

건물의 단면도는 건물을 수직으로 잘랐을 때 생기는 면을 그린 것이어서 방의 크기, 재료와 구조를 아울러 보여준다. 단면도는 구조가 빛을 받아들이는 방식을 그렸다고 할 수 있다.

그리스 델로스Delos에 있는 코리네 주택House of Colline 단면도를 보면 1층은 밖에서 들여다보지 못하게 창을 높게 내면서도 빛을 많이 받아들이려고 창의 단면을 아래쪽으로 깎았다. 중정에서 받아들인 빛은 '파스타스pastas'라는 동서 방향의 긴 복도를 거쳐 이에 인접한 방에 비춰들어갔다. 구조는 건물을 지탱하면서 동시에 빛을 받아들인다.

온전하게 있는 건물의 구조는 가려져서 잘 알 수 없지만 빌라 아드리아나에 있는 한 폐허를 보면 빛을 받아들이기 위해 구조물을 어떻게 구축하였는가를 보여주는 단면도 같다.

루이스 칸은 다음과 같이 말했다. "구조는 빛을 형성해주는 것이다. 두 개의 기둥은 그 사이에 빛을 가져다준다. 즉 어두움-빛, 어두움-빛, 어두움-빛, 어두움-빛."[109] 구조인 기둥은 어두움闇이고, 기둥 사이의 간격은 빛光이다. 구조는 빛을 만들고 빛은 구조를 통해 받아들여진다. 그래서 루이스 칸은 구조와 공간의 관계를 "구조는 빛을 주고, 빛은 공간을 만든다."라고 간명하게 표현했다. 따라서 볼트, 돔, 아치, 원기둥이라는 구조 요소는 힘을 받쳐주는 동시에 모두 빛의 특성을 가지고 있다. 따라서 "구조는 빛 속에서 이루어진 디자인이다."

물체와 정신의 조정자

미국 화가 에드워드 호퍼Edward Hopper의 1939년 그림 〈뉴욕 영화
관New York Movie〉을 보면 윤곽이 모호한 환영과 같은 영화관의 빛
과, 좌석 안내원이 서 있는 윤곽이 뚜렷한 현실의 빛이라는 두 가
지 빛이 있다. 빛은 이렇게 사물을 비추는 빛을 넘어 환영과 현실
이라는 은유적 의미를 전달한다.

그러나 이와는 달리 미국 워싱턴의 베트남 참전 용사 기념
비The Vietnam Veterans Memorial 벽면에는 물갈기한 검은 화강암에 전
사자들의 이름이 적혀 있다. 하늘, 구름, 나무, 그 이름을 보는 사
람의 모습이 화강암 표면 위에 반사되어 함께 나타난다. 이 빛은
은유가 아니다. 죽음의 관념을 표상하는 빛이다.

빛은 사람이 이해할 수 없는 것을 은유하고 상징한다. 빛은
창조하는 것이며 사람의 마음을 움직이는 힘과 의미를 지닌다. 빛
줄기처럼 특정한 빛의 패턴이 깊은 숲을 관통하는 빛을 연상시키
기도 하듯이 빛은 특정한 장소를 기억하게 해줄 수 있다.

이처럼 빛은 인간이 살아가는 데 없어서는 안 되는 것이면
서 객관적인 현실의 한계를 넘어서고 물질적인 형태로는 표현할
수 없는 힘을 눈에 보이게 해주는 능력이 있다. 신성한 존재는 변
함이 없으나 사람들에게는 시간에 따라 변화하는 빛으로 나타난
다. 빛이란 붙잡을 수도 없고 움직일 수도 없으며 직접 볼 수도 없
는데, 물체에 반사하거나 안개 같은 것을 지나면 빛을 볼 수 있다
는 것을 신비하게 여겼다.

아마도 빛과 구조물의 관계를 가장 뚜렷하게 드러낸 구조물
은 피라미드일 것이다. 그들은 왜 이토록 상상도 하지 못할 거대
한 구조물을 쌓아올린 것일까?

미국의 예술사가 빈센트 스컬리Vincent Scully가 피라미드의 유
일한 이미지는 빛이라고 요약했듯[110] 그것은 빛을 향한 것이었다.
떠오르는 태양 빛이 처음으로 금색을 칠한 꼭지점에 닿을 때 파
라오가 다시 살아난다고 믿었다. 오직 이 희망으로 피라미드를 만
들었다. 이집트 기자Giza에 있는 피라미드의 거의 대부분은 돌덩

어리가 드러나 있고 꼭대기 일부에만 라임스톤이 남아 있지만, 전체는 빛나는 하얀 라임스톤으로 덮여 있었다. 오벨리스크가 하늘 위로 높이 피라미드를 들어 올린 형상이다. 그래서 피라미드는 하늘을 향해 쏘아 올린 빛의 화살이다.

이렇게 이집트 사람들은 구조물로 빛에 최대의 경의를 표현했다. 구조물에 반사된 빛은 인간의 고양된 정신을 상징하는 최고의 매개물이었기 때문이다. 스피로 코스토프도 이집트의 피라미드에 비친 빛의 의미를 이렇게 묘사한다. "기자의 피라미드는 장엄한 돌덩어리지만 영적이고 가벼운 것, 태양 광속光束의 기념비였다. 은혜로운 땅을 경작하는 사람들에게는 우주의 질서와 그들의 행복과 안전을 보증하는 가시적인 증거였다. …… 찾아오는 이에게 그것은 태양에서 방사하는 빛나는 화살이요 태양으로 가는 길로 인도해주는 것이었다."[111]

고대 그리스 신전은 성소 주변에 열주를 두었다. 이 열주가 만들어내는 스크린은 성소와 풍경을 이어주며 벽 안에 있는 거룩한 빛과 바깥세상의 빛을 이어주는 것이었다. 또 열주는 멀리서도 잘 볼 수 있게 해주고 그 사이를 걸어갈 수 있게 해주었다. 열주 말고도 성소 안에는 성소의 입구를 동쪽에 두어 아침 해가 떠오를 때 안에 있는 신상이 빛나게 했다.

초기 비잔틴 교회 건축에는 프레스코나 금빛 모자이크 등이 지나쳐 보일 정도로 장식되어 있었다. 다양한 색깔과 모양으로 된 모자이크 성화를 보면 단순히 건물의 벽면을 이용하여 만든 그림으로만 이해하기 쉽다. 그러나 모자이크는 어둑한 내벽을 빛나는 벽으로 만들고 내부 공간을 빛의 덩어리로 바꾸기 위해 고안된 빛의 건축적 장치였다.

비잔틴 교회 건축의 열쇠는 돔이라는 둥근 지붕이다. 이렇게 하여 여러 곡면에 대리석이나 모자이크라는 재료를 덮어 빛을 조금이라도 더 많이 모아야 했다. 모자이크는 아주 단순한 그림으로 둥근 표면을 연속적으로 덮을 수 있었고, 각도가 다른 작은 덩어리로 불규칙하게 빛나는 빛을 만들어낼 수 있었다.

내부에는 원통형 벽면을 두르고 그 위에 기둥을 두었다. 다시 그 위에 아치를 튼 다음 돔을 얹었다. 작은 공간이지만 벽과 아치와 기둥, 그리고 돔이라는 당시에는 몇 개 되지 않는 구조로 하늘로 향하는 바람을 나타냈다.

저 위에서는 빛이 비춰들어와 공간 전체를 가득 채우면, 꼭대기의 돔은 하느님이 만든 하늘이 된다. 시토회 실바칸 수도원 Abbaye de Silvacane 성당˙처럼 빛이 세부에 부딪히고 꺾이면서 부드럽게 빛나는 공기처럼 공간을 가득 채운다.『요한 복음』1장 5절과 9절에 나오는 "그 빛이 어둠 속에서 비치고 있지만 어둠은 그를 깨닫지 못했다. 모든 사람을 비추는 참빛이 세상에 왔다."라는 말을 물질과 빛으로 나타낸 것이다. 빛은 인간의 정신을 물체로 옮겨주는 매체이며, 이 물체는 건축이다.

교회 건축에서는 빛이 벽 안에 있는 하느님의 나라를 드러낸다. 고딕 대성당은 신의 초월성을 표상하기 위해서 스테인드글라스를 투과하는 빛을 사용했다. 그들은 빛이 입자적 성질과 파동적 성질, 곧 물질성과 현상성을 모두 가지고 있는 불가사의한 존재라고 인식했던 것 같다.

독일 예술사가 오토 폰 짐손Otto von Simson은 고딕 대성당을 설명하면서 "빛이란 참으로 형상이 없는 존재와 형상이 있는 존재를 이어주는 조정자, 곧 정신적인 물체와 물체화된 정신을 잇는 조정자다."[112]라고 말했는데, 이것은 이미 신학자이자 철학자인 성 토마스 아퀴나스Saint Thomas Aquinas가 한 말이기도 했다. 물체인데 정신적인 것을 담고 있고, 정신적인 것인데 물질을 입고 있는 것은 바로 빛이다. 빛은 하느님 자신을 상징했다.

물체의 빛과 공간의 빛

이 책의 1장 「건축의 형태」에서 인용한 제프리 스콧의 설명을 한 번 더 살펴보자. "건축이란 공간의 결합, 물체의 결합, 선의 결합으로, 이 결합은 빛과 그늘을 통해 드러난다. 그리고 건축은 단순하게 즉각적으로 지각된다."[113] 이 문장을 바꾸어 말하면 건축의 공간과 물체와 선의 형태는 "빛과 그늘을 통해서" 드러나고 인간에게 지각된다는 의미다.

건축에서는 두 가지 빛이 작용한다. 하나는 물체를 밝게 비추고 그림자를 만드는 것이며, 다른 하나는 빛이 공간을 가득 채우며 빛 그 자체로 나타나는 것이다. 앞의 것이 '물체에 대한 빛'이라면 뒤의 것은 '공간에 대한 빛'이다.

흙과 돌이 공존하는 담 위로 빛과 나뭇잎의 그림자가 덮이면서 재료의 질감을 강조하고 전체 형태를 부드럽게 만드는 장면을 본 적이 있을 것이다. 이것은 물체의 결합이 빛과 그늘을 통해 드러나는 '물체의 빛'이다. 또 나란히 서 있는 담장 사이의 골목을 덮고 있는 나무들의 잎과 잎 사이로 새어들어오는 빛을 본 적이 있을 것이다. 빛이 골목의 공간을 채우며 빛과 그림자의 터널을 만들고 있는 '공간의 빛'이다. 이 두 가지 빛은 자연스러운 일상 풍경에서도 얼마든지 나타난다.

건축의 역사는 '물질성'과 '비물질성'이라는 두 가지 존재 방식 사이에서 발전해왔다. 다른 말로 하면 하나는 사물의 존재를 어떻게 드러낼 것인가이고, 다른 하나는 사물이 어떻게 부유浮遊하는 듯이 보이게 할 것인가이다. 이는 건축과 빛에 대해서도 그대로 적용된다.

요한 볼프강 폰 괴테Johann Wolfgang von Goethe의 희곡『파우스트Faust』에 등장하는 악마 메피스토펠레스Mephistopheles는 이렇게 말했다. "빛은 물체에서 흘러나와 물체를 아름답게 보여주지만, 물체가 빛의 진로를 막으니, 빛이 물체와 함께 없어질 날도 멀지 않으리라 생각한다."[114] 우연치 않게도 그는 빛의 대립적인 두 가지 형식을 말한다. 빛의 진로를 막는 빛의 형식은 '물체의 빛'을 말하고, 물체와 함께 없어질 빛의 형식은 '공간의 빛'을 말한다.

그리스의 빛은 건축 형태의 물질성을 드러내는 '물체의 빛'이다. 그리스 문화에서 태양은 대상을 비추는 것이며 물체는 빛의 대립물이었다. "자, 태양이 떠올랐다. 깨끗한 물가를 지나 청동으로 만들어진 하늘을 향해, 결코 죽지 않는 신들과 죽어야 할 인간을 위해 보리밭을 비추려고."[115] 고대 이집트 벽화에는 빛을 그리지 않아 그늘이 표현되어 있지 않다. 이집트 사람들에게 그늘이란 실체성이 없는 불안정한 것이므로, 물체에 부딪쳐 생긴 명암에는 관심이 없었다. 그러나 그리스 건축은 물체의 그림자 사이에서 청명한 하늘과 뚜렷하게 대립되며, 물체의 존재성을 강조한다. 회화에서 빛과 그늘, 명암에 관심을 가지고 물체의 입체감과 거리감을 표현한 시기도 고대 그리스부터였다.

"우리 눈은 빛 아래에서 형태를 볼 수 있게 되어 있다. 명암으로 형태가 떠오른다. 입방체와 원추 그리고 구와 원통과 각추角錐가 원초적인 형태로 빛을 선명하게 부각시키는 것이다." "건축은 빛 아래 집합된 여러 입체의 교묘하고 정확하며 장려한 조합이다." 이와 같은 르 코르뷔지에의 유명한 말은 물체가 그림자에 대립하는 그리스의 빛을 염두에 둔 것이었다.

그런데 고딕의 빛은 빛으로 채워져 건축 형태의 비물질성을 드러내는 '공간의 빛'이다. 여기에 다시 스테인드글라스를 통과한 화려한 빛이 놀랍게도 내부를 가득 채우게 되었다. 그러나 스테인드글라스는 벽에 뚫린 창이 아니었다. 그 역시 바깥세상을 결정적으로 단절하는 빛나는 벽이며 빛의 영역이었다. 마음은 땅에 있지 않고 중력의 지배를 받는 물질의 세계를 벗어나려고 했다.

'빛을 받는 건축'은 개구부로 빛을 안쪽에 도입한다. 그리고 외부에 그림자를 떨어뜨림으로써 매스와 볼륨을 조소적彫塑的으로 강조한다. 이에 반해 내부를 '빛으로 채우려는 건축'은 빛을 외부로 발산하거나 빛을 내부에 감싸는 피막 효과를 나타낸다. 르 코르뷔지에의 건축에도 이 두 가지 형식의 빛이 있다. 초기 '백색시대'의 작품 성격은 빛이 차고 넘치는 밝고 추상적인 건축이었으나, 후기가 되면 인도의 몇몇 주택에서 보듯이 빛보다는 그림자의 건축이라고 할 정도로 그림자를 통해 존재감이나 물질감을 표현하고 있다.

빛과 물체

물체를 강조하는 빛
빛과 그림자의 분절

빛은 형태를 뚜렷하게 강조한다. 고대 그리스 신전 건축에서는 열을 이룬 전면의 기둥이 빛과 그림자를 분명하게 대비시킨다. 그리스 신전의 열주는 그림자를 반복하면서 공간에 깊이를 주고 있다. 멀리서도 신전이 잘 인식되고 장대하게 읽히게 하기 위함이었다. 이 신전들은 지금 보는 것과는 달리 지붕이 덮여 있었고 그 안에 벽면이 있어서 밖에 있는 열주는 아주 밝게 느껴지지만 배경은 아주 어둡게 보여 두 물체가 크게 대비를 이루었다.

빛이 형태를 뚜렷하게 강조하는 최고의 예는 고대 그리스 신전의 열주에 만든 플루팅fluting이다. 고전건축은 이러한 양각의 대비를 기둥의 플루팅에 이용했다. 원기둥에 플루팅이 없다면, 기둥은 마치 커튼이 쳐지듯이 그림자를 드리우게 되어서 멀리서 조망할 때 건물이 휘어진 듯 보이게 된다.

이때 플루팅의 목적은 태양의 각도에 따른 다양한 그림자로 기둥의 수직성을 유지하기 위함이다. 파르테논의 입구, 즉 포티코 기둥에서 플루팅은 수직의 그림자를 섬세하게 만들어낸다. 그러나 이탈리아에 위치한 카라칼라 욕장Terme di Caracalla의 원기둥은 플루팅에 돌기를 두어 그림자의 변화를 더욱 섬세하게 처리했다. 이 돌기는 장식이 아니라 빛을 받기 위해 만든 빛의 조형이다.

그런가 하면 근대건축은 흰색을 특별히 여겼다. 이 색깔은 1920년대와 1930년대 건축의 특징을 대표한다. 근대건축이 흰색을 이렇게까지 사용한 이유는 추상성이 높은 공간을 만들기 위함이었다. 추상적인 공간을 만들기 위해 건축을 이루는 요소를 분절하고 하얗게 칠했다. 이렇게 해서 남는 것은 결국 빛의 문제와 관련된다. 물질의 느낌을 없애고 건축의 볼륨을 분절하려면 빛을 받는 한 요소는 다른 면에 그림자를 드리워야 한다. 빛과 그림자로 요소를 분절하고 공간을 추상화해야 했기 때문이다.

형태는 빛에 반응하지만 반대로 빛은 형태로 만들어진다. 이탈리아 화가 라파엘로 산치오 다 우르비노Raffaello Sanzio da Urbino의 1501년 그림 〈성 세바스티안St. Sebastian〉을 보면 얼굴을 비추는 빛은 균일하다. 그러나 얼굴의 윤곽, 목, 눈, 코, 입 등의 부분은 뚜렷하다. 요소의 윤곽이 뚜렷하게 그려진 조반니 파올로 파니니 Giovanni Paolo Panini의 그림 〈로마, 성 베드로 대성전 내부The Interior of St Peter's, Rome〉는 라파엘로의 그림을 닮았다.

브루넬레스키가 설계한 산 로렌초 성당Basilica di San Lorenzo 내부에는 분명한 단위가 반복된다. 중앙 회중석의 천장은 아주 밝지만, 이보다 낮은 측랑의 바닥과 경당의 벽은 아케이드에 반사된다. 천장은 경당 니치 위에 있는 원형 창으로만 빛을 받아 밝은 회중석과 분명히 구분된다. 그러나 경당은 반사된 빛만 받아 이들보다 더 어둡다. 빛은 회중석에서 측랑에서 그리고 다시 경당에서 단계적으로 변한다. 아케이드 기둥의 주두 위에서 아치를 받는 정사각형 판과 그 밑의 아칸서스acanthus 주두의 잎이 드리우는 진한 그림자로 각각 뚜렷하게 분리된다. 기둥의 돌 색깔은 벽면보다 어둡다. 그 결과 바닥에서 주두로, 주두에서 아치로, 아치에서 천장으로는 위계적으로 점점 더 밝아진다.

파울 프랑클은 『건축형태의 원리Principles of Architectural History』에서 부가의 원리를 따르는 르네상스 공간에 빛이 어떻게 대응하였는가를 산 로렌초 성당을 들어 설명한다.

"내부 공간 전체는 빛의 세기가 가능한 한 균일해야 한다. 설령 빛이 단계적으로 변화할 수 있다 치더라도 그 변화는 포착하기 어렵다. 예를 들어 피렌체의 산 로렌초 성당이나 산토 스피리토 성당Basilica di Santo Spirito이 그러하다. …… 그림자가 깊게 생기거나 옆에서 보았기 때문에 식별하는 데 방해를 받는 경우라도, 공간과 양괴量塊를 손쉽게 안정된 형태로 식별할 수 있는 빛과 색채가 선택된다."[116] 이처럼 프랑클은 부가 형태附加形態에서는 빛과 형태가 뚜렷하게 분절되어 있는 데 주목했다.

빛과 그림자의 대비가 복잡한 물체 형태로 나타나게 되면

로마네스크 성당 정면의 기념비적 문인 포르타이portail와 같이 된다. 이 문 위의 인방과 그 위를 장식하는 아치로 둘러싸인 반원형을 텡판tympan이라 부르는데, 텡판 위의 아치는 다시 장식 아치 등이 겹침으로써 원기둥의 플루팅 효과를 나타낸다. 이 교회에는 빛을 받아 떨어지는 그림자로 형태를 강조하기 위해, 인방을 장식하는 수많은 조상彫像이나 돌출한 독립 원주와 그 위의 엔타블레이처 등이 만들어져 있다.

빛은 그림자를 만들어 형태를 강조한다. 이때 물체의 빛을 받은 물질은 기본적으로 그림자를 드리우며 강한 대비를 나타낸다. 이는 건축에서 특별한 것이 아니다. 크고 작은 석재가 쌓여 만든 거친 텍스처란 실은 재료가 빛을 받아 다양한 그림자를 만들어내는 것이다. 로마네스크 성당의 장식 문양이나 인물상처럼 깎아 세우거나 파내어 형태를 만든 경우는 빛을 받는 부분과 그늘로 물체를 그린 것이다.

이렇게 보면 빛이 형태를 뚜렷하게 강조해주는 이유가 장식을 위해서가 아니냐고 반문할지도 모르겠다. 그렇다. 장식은 빛에서 나왔다. 몰딩은 표면 또는 장식이 변하는 곳에 재료를 바꾸지 않고 빛을 받는 면과 그늘이 지는 부분을 만들기 위해 쓰인다.

가우디는 빛과 그림자를 이렇게 말했다. "돌출한 요소를 오목하게 들어간 요소와 조합하여야 한다. 곧 빛을 받는 볼록한 모양의 요소 전체와 반대로 오목한 모양의 요소, 그림자 속에 있는 요소로 대립하게 하여 빛을 받는 요소에는 상세하게 마음을 기울여야 한다. 왜냐하면 그것은 노래를 부르는 요소이기 때문이다. 그림자 안에 숨어버린 요소는 디테일에서 해방된다."

'돌출한 요소'와 '오목하게 들어간 요소'의 조합이란 결국 장식이다. 돌출하였으니 빛을 받고 더 깊은 그림자를 만들며, 오목하게 들어간 것은 그림자를 만들고 빛을 받는 것을 받쳐준다. 따라서 빛과 그림자의 조합은 장식의 시작이 된다.

또 가우디는 장식을 빛으로 설명했다. "예술 작품의 본질적인 성질은 조화다. 조형 작품에서는 조화가 빛에서 생긴다. 빛은 드러내며 장식한다. 나는 라틴어로 'decor장식'라는 말은 빛을 뜻하고 빛에서 유래하며 빛과 매우 관계가 깊다고 생각한다." 장식은 결코 보잘것없거나, 치장하는 것이 아니다. 빛은 장식하는 것이며, 가우디의 말대로 장식은 빛과 같은 뜻임을 이해하여야 한다. 그리고 그는 간명하게 말했다. "장식은 빛의 현명한 배치다."

빛이 현명하게 배치된 장식은 요소와 요소가 만나는 부분에서 드러난다. 로마네스크의 샤피토chapiteau는 주두의 상단에 붙은 석재로, 위에서 내려오는 아치의 벽면과 아래에서 받쳐주는 원기둥을 매개하기 위한 것이다. 그 결과, 빛과 그림자가 위에서 아래로 미묘하게 변화한다.

르 토로네 수도원의 한 샤피토에서는 위에 있는 판에서는 밝은 빛이 강조되다가 다시 비스듬히 접힌 샤피토의 아래 면을 따라 다른 빛이 나타난다. 그 아래는 주두의 크기를 따라 원기둥의 단면을 향해 그림자를 서서히 변화시키고 있다. 가우디가 말하는 'decor'는 이런 것이었다.

빛과 작은 입자

빛은 물질의 작은 입자를 타고 떨어진다. 알람브라의 사자의 중정을 바라보는 두 자매의 방Sala de Dos Hermanas 입구에는 세 개의 아치가 잇따라 나타난다. 이렇게 아치를 나눈 이유는 강한 빛을 줄여 약간 어두운 빛을 방 안에 들어오도록 하기 위함이었다. 그런데 이 아치에 크고 작은 돌기 장식이 없었다면 르네상스 건축에서처럼 구조체는 분명해져도 빛이 연속하여 조금씩 줄어들지는 못했을 것이다.

롱샹 성당의 측면 기도실*에는 수직 채광탑에서 받아들인 빛을 거친 표면의 작은 입자에 반사시켜서 제단 위에 떨어지게 했다. 그 결과, 포물선을 이루며 빛이 떨어지는 과정을 분명히 나타내고 있다. 그러나 이것은 르 코르뷔지에가 동방 여행을 할 때 티볼리 빌라 아드리아나에 있는 세라피움Serapeum의 원형 제단을 비추던 빛의 방식을 보고 응용한 것이다. 그는 수직으로 뚫린 개구부를 통해 들어온 빛이 다시 원통 볼트에 반사되는 모습을 스케치하고, 이것을 '신비의 구멍'이라고 메모해두었다.

"빛! 나는 1911년 티볼리에서 고대 로마의 동굴에서 보았던 그 무언가에 착안했다. 동굴이 아니다. 여기 롱샹에서는 언덕이 융기한 것이다." 이때 감명받은 빛과 개구부의 관계는 롱샹 성당과 라 투레트 수도원 성당을 위한 빛의 장치로 사용되었다.

라 투레트 수도원 지하 경당 위에는 색깔을 달리하며 압도적인 효과를 주고 있다. 바로 천창 안쪽에 원색을 칠한 원뿔 모양의 채광 장치다. 이 장치의 안쪽에 빛으로 가득 찬 통이 바닥에서 떠올라 투명한 존재로 자리 잡고 있다. 밖에서 다른 공간의 힘이 어두움 속으로 침입해온 것과 같다. '빛의 대포'라는 천창의 이름도 이런 의미에서 지어졌을 것이다.

알도 반 에이크의 파스투르 반 아르스 교회Pastoor van Ars Church에는 원통형 천창이 여러 개 있는데, 천창의 안쪽 표면이 성당 전체의 밝기에 비해 아주 뚜렷하여 천창 자체가 종이 초롱으로 느껴지게 한 것도 이에 속한다.

이와 같이 물질의 작은 입자를 타고 빛을 전달하는 방식은 톨레도 대성당Catedral Primada Toledo 안에 있는 엘트란스파렌테El Transparente에도 그대로 나타났다. 이곳에서는 위의 작은 구멍으로 들어온 빛을 받아내서 수많은 조상彫像의 돌기를 통해 벽면과 바닥을 훤히 비추어준다.

롱샹 성당과 같은 해에 건축가 에로 사리넨Eero Saarinen은 매사추세츠공과대학교MIT의 크레스지 예배당Kresge Auditorium을 완성했다. 이 예배당에서도 빛을 눈에 보이게 하려고 천창 쪽은 모빌을 적게 달고 제단 가까이는 밝은 모빌을 많이 달아 빛이 천창에서 제단으로 내려오는 느낌을 표현했다.

크레스지 예배당 외관은 벽돌을 쌓은 폐쇄적인 돌의 통에 가깝고 내부도 어둡다. 그러나 위에서 내려오는 빛을 받아 수직으로 투명하게 빛나는 빛의 통이 그 안쪽에 있다. 빛은 물질의 작은 입자를 타고 옮겨지는 예가 되기도 하지만, 전체적으로는 물체로 에워싸인 어두운 공간 속에 빛의 줄기라는 두 개의 통이 내포된 것이기도 하다.

빛이 형태를 뚜렷하게 강조하는 또 다른 방법은 교회 건축의 제단 뒷벽에서 많이 보듯이 측면에 난 창을 통해 들어오는 빛으로 씻어내는 듯이 벽면 전체를 비추는 것이다. 스웨덴 건축가 에릭 군나르 아스프룬드Erik Gunnar Asplund의 스톡홀름 시립도서관 Stockholms Stadsbibliotek은 내부 원통형 열람실에서 서가를 제외한 상부의 아래쪽이 아주 밝은 벽으로 되어 있다.

물체를 소거하는 빛
윤곽의 융합

네덜란드 화가 렘브란트Rembrandt Harmenszoon van Rijn의 1629년 작품 〈자화상Self-Portrait〉은 라파엘로가 1501년 그린 〈성 세바스티안〉과는 달리 윤곽이 분명하지 않고 빛과 그늘이 격정적으로 대비된다. 바로크 건축의 빛은 렘브란트의 그림을 닮았다.

산 카를로 알레 콰트로 폰타네San Carlo alle Quattro Fontane 같은 바로크 건축의 빛은 요소를 통합한다. 중앙 타원형의 돔에는 소란小欄 반자 모양의 코퍼coffer가 나뭇가지처럼 뻗어 있다. 채광탑과 아래에 네 군데에 유리를 낀 코퍼가 있어서 빛이 골고루 분산된다. 이 빛은 기둥을 타고 아래로 내려오기까지 돔의 모든 부분을 똑같이 비추어준다. 그러나 주변의 경당은 그늘에 가려 있어서 가운데의 돔과 큰 대비를 이룬다.

독일 츠바이팔텐Zwiefalten의 베네딕트 수도원 교회에서는 여러 방향의 그로인 볼트groin vault가 빛을 확산시킨다. 하얀 벽면과 기둥은 빛을 흡수하여 공간을 비물질적으로 만든다. 빛은 돌과 스투코stucco와 융합하여 지극히 가볍고 여린 실체로 변형된다. 후기 바로크와 로코코 시대 건축인 피어첸하일리겐 순례성당Basilika Vierzehnheiligen에서는 확산하는 빛이 내부를 지배하는 장식과 함께 전체 공간을 하나로 통합하고 있다.

이처럼 반사하거나 확산하는 빛은 형태의 윤곽을 소거하고 물체를 비물질적인 것처럼 만든다.

파울 프랑클은 바로크의 공간에서 요소의 윤곽이 빛으로 융합되는 현상을 이렇게 정리한다. "곧 개개의 실체가 명료해서 원통 볼트나 돔이 중단되지 않는 르네상스 건축과는 달리, 바로크 건축에서는 루넷lunette 창 등이 두 공간을 하나로 융합하고 상호 관입貫入하게 만들고, 밝은 부분과 어두운 부분의 대비가 점점 강해서 밝은 부분과 어두운 부분이 갑작스레 바뀐다."[117]

빛이 물질을 만날 때 형태를 선명하게 해주는 것만은 아니다. 반대로 형태를 모호하게도 해준다. 벨텐부르크 수도원 성당 Klosterkirche St. Georg der Benediktinerabtei Weltenburg은 평면이 타원형 평면과 그 좌우에 작은 타원형을 붙여놓은 모양이다.

제단 앞쪽에 기사 성 게오르그St. George가 리비아의 여왕을 구하고 말을 타고 용을 진압하는데 앞쪽 공간은 약간 어둡고 뒤의 공간은 밝은 빛으로 가득 차 있어서 성 게오르그는 어둡고 모호하게 보인다. 돔 아래 부분에 있는 다양한 상들은 반사도 하고 그늘에 가려 있어서 부분이 복잡하게 얽혀 있다.

핀란드의 뮤르마키 교회Myyrmäki Church처럼 밝은 공간 안에서 강한 대각선의 빛과 그림자를 패턴이 다른 면 위에 겹치게 하면 계속 변하는 빛의 베일을 만들어 형태는 빛 때문에 비물질화된다. 예른 웃손이 건축한 덴마크 코펜하겐 북쪽 외곽의 바그스베르 교회Bagsvaerd Church는 아주 밝다. 하얀 천장은 점점 높이 올라가 구름이나 안개와 같은 형상으로 무한함을 표현한다. 곡면이 굽혀지는 곳에 더 밝은 빛이 비추어져서 위로 올라갈수록 윤곽이 희미해진다. 형태의 윤곽이 지워지면 공간의 깊이를 지각하기 어려워지기 때문이다.

르 코르뷔지에는 터키 브루사Brusa에 있는 '녹색의 모스크 Green Mosque'에 대해 다음과 같이 말했다. "빛으로 가득 찬 거대한 하얀 대리석의 공간에 들어간다. 그 앞에는 크기가 같은 또 다른 공간이 나타난다. 그러나 이 공간은 어둑하며 몇 단 올라가게 되어 있다. 좌우에는 조금 작은 어슴푸레한 공간이 붙어 있다. 뒤돌아보면 그림자에 가린 두 개의 작은 공간을 보게 된다. 가득 찬 빛에서 그림자로 리듬이 생겨난다."[118]

그는 서로 다른 빛과 그림자가 엉켜 서로 다른 공간에 공존하는 현상을 이렇게 묘사했다. 건축의 내부 공간은 빛으로만 가득 찰 수 없으며, 어딘가에 그림자를 떨어뜨리게 된다. 이 색과 저 색이 섞여 다양한 색깔을 내듯, 그림자가 형태의 윤곽을 대비적으로 나타내지 않고 '녹색의 모스크'처럼 그림자와 뒤섞일 때 더 많은 빛의 효과를 얻을 수 있고, 떨어져 있는 방과 공간을 다른 것으로 표현할 수 있다.

어두움

빛을 경험하는 데에는 어두움도 매우 중요하다. 형태의 윤곽을 소거하는 또 다른 방법으로 롱샹 성당처럼 내부를 어둡게 하여 실제의 정확한 형태를 감추는 것이 있다. 빛은 구조를 어두움 속에 감추기도 한다.

안도 다다오安藤忠雄의 '빛의 교회光の敎会'는 십자가 모양으로 틈을 내어 빛을 형상화하고, 그 빛으로 벽의 중력을 시각적으로 분산시키고 있다. 그러나 이러한 빛의 형식을 대표하는 것은 역시 롱샹 성당이다. 이 성당에서는 천장과 벽이 약간 떨어져 있다. 그 결과 이음매에서 새어나온 빛은 가운데가 처진 곡면 지붕과 벽을 분리할 뿐 아니라, 지붕을 상대적으로 가볍게 보이게 하는 데 중요한 역할을 한다.

빛에는 밝은 빛만 있는 것이 아니라 어두운 빛도 있다. 그림자는 어두운 빛이다. 빛이 본질적이라면 어두움도 본질적이다. 고딕 건축은 찬연하게 빛나고 로마네스크 건축은 어두움에 감싸여 있다. 그러나 어두운 로마네스크 건축이 밝은 고딕보다 못하다고 보아서는 안 된다. 로마네스크 건축에는 고딕 건축이 갖고 있지 못한 무거운 어두움이 있다.

로마네스크 교회의 가장 큰 특징은 어둡고 중량감 있는 내부 공간이다. 로마네스크에는 예부터 지금까지 변하지 않는 빛과 그림자의 드라마가 있다. 두꺼운 벽에 작게 뚫린 창, 그리고 희미하게 새어들어오는 빛은 싸늘한 바닥의 돌 위를 신비하게 비춘다. 벽, 바닥, 그리고 면과 면이 만나 각이 진 부분에 빛과 그림자가 대비를 이룬다. 그림자가 있기에 빛이 의미를 갖는다. 짙은 그림자와 어두움은 빛의 본질적인 현상이다.

어두움은 분위기를 만들고 마음을 침착하게 하며 묵상으로 이끌어준다. 그러나 빛이라 할 때 밝음만을 뜻하지 않는다. 어두움은 빛이 없는 것이지만 우리는 그것을 빛과 함께 경험한다. 동양 문화에서는 생명이나 존재를 언급할 때 밝고 극명한 대조를 말하지 않고, 어슴푸레하여 마치 모태 안에 있는 듯한 안온한 분위기의 빛을 더 좋아했다.

멕시코 건축가 루이스 바라간Luis Barragán은 "건축가들은 사람들이 흐릿한 빛을 필요로 한다는 것을 잊고 있다. 흐린 빛은 침실이나 거실에서 평온함을 준다."라고 말했다. 흐리면 무디어지고 거리를 인지하기 어렵지만 시각이 줄고, 모든 거리는 신체로 되돌아온다. 그래서 어두움과 그림자는 조용한 친밀감을 준다.

핀란드 건축가 유하니 팔라스마Juhani Pallasmaa는 어두운 빛에 대해 "사람의 눈은 밝은 대낮의 빛보다는 황혼의 어슴푸레한 빛을 위해 가장 완벽하게 조율되었다."[119]라고 말한다.

스웨덴의 건축가 시귀르드 레버런츠Sigurd Lewerentz가 설계한 클리판Klippan의 성 베드로 교회St. Peter's Church 내부의 벽과 바닥과 찬장, 그리고 재단과 제대도 모두 약간 검은 벽돌로 되어 있다.

벽돌은 수직과 수평을 헤아릴 때 쓰는 다림줄 없이 두툼한 줄눈으로 쌓여 있어서, 벽돌과 줄눈 모두 빛에 민감한 질감을 나타내고 있다. 이러한 벽돌로 뒤덮인 내부는 지하 공간에 있는 듯, 빛과 어두움이 구별되지 않는 태고의 경험을 떠올리게 하고 침묵에 휩싸인 거룩한 공간의 원형을 느끼게 해준다.

벽에 있는 네 개의 작은 창과 지붕에 있는 몇 개의 틈으로 빛이 들어온다. 그러나 작은 창에서 들어오는 빛은 눈이 부실 정도로 어둡다. 어둡기 때문에 오히려 눈은 빛을 찾고 촉각적인 느낌이 더해진다. 이것이 모두 벽돌로 된 성 베드로 교회가 바라는 빛과 어두움이다.

이 교회의 창문을 에워싸는 재료는 흔한 벽돌이다. 벽돌은 두께를 가지고 벽에 뚫려 있다. 창문의 유리는 안쪽에 두지 않고 바깥쪽에 두었다. 그러다 보니 벽돌 창 사이로 빛이 들어오고 창 주변에서 빛은 확산한다. 내부에 동굴과 같은 분위기를 만들었다. 성 베드로 교회 안에서는 어슴푸레한 빛만 보인다. 그렇지만 이 빛은 투명한 유리창으로 덮인 공간 안의 빛도 아니며, 가벼운 석고보드로 칸막이된 방을 비추는 빛도 아니다.

이 빛은 바로 무겁고 어두운 벽돌의 중력과 힘에서 나온 것이다. 따라서 이 교회의 빛은 중력에 대응하는 빛이며 공중에서 산란하다가 사라지지만 일시적인 빛이 아니다. 이렇게 하여 무거운 벽돌은 어슴푸레한 빛을 받은 물질이 되고, 빛은 중력에 옷을 입은 빛이 된다. 물질과 현상은 서로의 옷을 입고 있다.

빛과 공간

공간을 채우는 빛
빛-공간

개구부를 통해 한 줄기 광선이 방안에 들어오면 공간의 일부는 어두운 주변과 구별되는 가상공간을 만든다. 프랑스 화가 조르주 드 라 투르Georges de La Tour의 작품 〈참회하는 막달레나La Madeleine aux deux flammes〉를 보면 가운데 빛의 공간이 있고 사물이 그것을 둘러싸고 있다. 촛불은 가려져 있지만 촛불에서 나온 빛은 빛으로만 둘러싸인 공간을 만들어낸다.

가장 바로크적이라 여기는 렘브란트의 1638년 그림 〈삼손의 혼례식De bruiloft van Simson〉을 보면 빛을 받으며 정좌한 신부가 중심이며 주변의 번잡한 모습은 어두움 안에 배치했다. 전체는 어두움이 드리워 있으나 그 안의 빛이 공간을 긴장시킨다.

로잔연방공과대학교EPFL 명예교수 피에르 폰 마이스Pierre von Meiss
는 이러한 공간을 '빛-공간light-space'이라 부르며 빛이 물체를 비추
는 '빛-대상light-object'과 구별했다.[120] '빛-공간'이란 어두움 안에 빛
이 자리 잡듯 빛을 공간에 채우는 것이다. 렘브란트와 같은 시대
를 살았던 페르메이르의 그림에는 부드러운 빛이 전체에 가득 차
있 어두움도 없고 그림자도 분명하지 않다. 그는 형상과 빛을 동
시에 그려서 화면 전체를 빛으로 채우고 있다.

공간을 채우는 빛이 공간의 한가운데 있으면 공간의 위계
는 더욱 분명해진다. 로마 건축과 고딕 건축은 공간을 채우는 빛
의 전형을 만들어냈다. 로마 건축은 있는 그대로의 빛으로 공간
을 가득 채웠다.

판테온은 빛으로 내부 공간을 통합한 최대의 예다. 거대한
돔에 뚫려 있는 구멍으로 떨어지는 한 줄기 빛이 감동적이다. 약
간 어두운 공간 안에서 구멍의 윤곽과 밝기가 크게 대조를 이룬
다. 구멍의 크기는 원형 바닥의 둘레까지 빛이 밝게 비추도록 조
절된 것이다. 이렇게 해서 빛은 코퍼에 그늘을 만들면서 방사放射
하여 공간 전체를 가득 채우고 벽과 바닥은 빛을 반사反射하여 공
간을 가득 채운다.

로마의 산타 마리아 인 코스메딘 교회Basilica di Santa Maria in
Cosmedin의 회중석도 상부에 난 창을 통해 들어온 빛이 천장과 반
대쪽 아케이드 벽면에 반사되어 공간을 채우고 있다. 현존하는 원
형 교회 중 가장 오래된 로마의 산토 스테파노 로톤도Santo Stefano
Rotondo는 빛으로 가득 찬 공간이 어두운 주보랑 안쪽에 내포되어
있다. 로마제국의 영묘를 본따 지었으면서도 바깥으로 사람들이
돌아다니는 주보랑을 두고 그 안쪽으로 열주로 둘러싸인 빛의 공
간을 만들었다.

스테인드글라스는 개구부가 아니다. 그것은 자체로 빛을 통
과시켜 자연광을 형이상학적인 빛으로 바꾸는 벽이었다. 하느님
은 모든 빛의 빛이고 만물은 하느님의 빛으로 비춰질 때 비로소
존재한다는 신앙을 표현하는 것이었다. 초기 고딕의 스테인드글

라스를 대부분 보존하고 있는 프랑스 샤르트르Chartres의 노트르 담 대성당Cathédrale Notre-Dame de Paris은 전체가 스테인드글라스의 신비로운 빛으로 둘러싸여 있다. 내부 공간은 하느님이신 빛으로 둘러싸여 있다.[121]

그것은 고딕건축의 시작이라는 생드니 성당Basilique Cathédrale de Saint-Denis의 대수도원장 쉬제르Abbot Suger의 말처럼 "물질을 비물질로de materialibus ad immaterialia" 만든 변성된 빛이었다. 이렇게 빛의 공간을 만들고자 한 고딕 성당의 극한이 파리의 생트샤펠Sainte-Chapelle이라는 경당이다. 신비로운 빛의 홍수이자 빛의 보석이 박힌 공간에 감동하게 된다.

20세기 초 근대건축의 빛은 반투명한 유리를 통해 부드럽게 분산되는 균질한 부피 속에서 부유했다. 오토 바그너의 중앙 체신은행의 출납 홀에서는 위로 삼각형의 바깥 지붕이 하나 더 덮여 있어서 부드럽게 확산하는 빛이 안으로 들어온다. 사물의 존재감이 소거되며 뚜렷한 그림자도 생기지 않는다. 오히려 빛은 발광체發光體의 내부에 잠입해 들어온 듯이, 위아래의 감각이 분명치 않은 비물질성을 나타낼 뿐이다.

이렇게 공간을 채우는 빛은 오늘날의 건축에도 여전히 많이 나타난다. 프란츠 푸에그Franz Fueg가 설계한 스위스의 장크트 피우스 성당St. Pius Church•은 두께 28밀리미터인 아주 얇은 반투명한 대리석 판이 색조나 모양 모두 미묘한 차이를 보이는 피막이 되어 전체를 균질하게 감싸고 있다.

예일대학교 희귀본 도서관Beinecke Rare Book and Manuscript Library도 마찬가지다. 건물 전체에 두께 2.5센티미터 정도의 대리석 판이 창처럼 끼워져 있어서 밖에서는 흰 대리석으로 보이지만 안에서는 부드러운 금색이 내부를 물들인다.

가우디가 설계한 집합주택 카사 바트요Casa Batllo의 중정은 다른 중정과 마찬가지로 환기와 채광을 위해 만들어진 공간이다. 이 중정의 벽면에는 네모진 흑백 무늬를 번갈아 붙인 바둑판무늬 타일이 붙어 있다. 타일의 색은 한 가지가 아니고, 가장 위층에서 아래를 향해 진한 청색에서 흰색으로 아름답게 변화하고 있는데, 이 색조가 아주 아름다워서 이를 '가우디 블루'라고 부른다.

이는 각 층에 이르는 빛의 양을 조절하려고 빛을 색깔에 대응시킨 것이다. 강한 빛이 닿기 쉬운 가장 위층에는 빛을 흡수하기 쉬운 색의 타일을 붙이고, 빛이 닿기 어려운 아래층에는 반사가 잘 되는 색의 타일을 붙였다. 이런 밸런스를 조금씩 바꾸어감으로써 각층에 사는 사람들이 균등한 빛을 즐길 수 있게 배려했다. 뿐만 아니라 창의 크기도 가장 위층이 작고 아래로 내려오면서 커진다. 창의 발코니도 낮게 하고 유리를 붙였다. 위에서 내려오는 빛을 조절하여 각 층의 방 안을 비추게 하기 위함이다. 자연의 질서, 빛의 질서를 형태와 색깔에 대응시키면서 위에서 아래로 향하는 빛이 중정과 그것으로 둘러싸인 방을 골고루 비추게 했다.

빛의 범람

근대의 철과 유리는 빛에 근거한 건축의 역사에 커다란 균열을 일으켰다. 철과 유리를 통해 들어온 빛은 채광과 시야를 확보하기 위한 빛, 모든 방향에서 침입해 들어오는 빛, 건축 요소를 분해하고 건축과 그 외부의 경계를 소실시켜버렸다.

1851년 런던에서 열린 제1회 만국박람회에서 조지프 팩스턴Joseph Paxton이 세운 수정궁Crystal Palace은 3,800톤의 주철과 700톤의 연철을 사용하여 미리 만들어온 부재를 현장에서 조립하는 프리패브prefab 공법으로 불과 6개월 남짓한 기간에 완성되었다. 이때 사용된 유리가 30만 장에 이른다. 사람들은 이 수정을 통해 빛이 범람하는 충격적인 현상을 처음으로 경험했다.

잉글랜드 리치먼드에 있는 큐 왕립식물원Royal Botanic Garden Kew의 팜 하우스Palm house는 철과 유리로 된 조형의 이미지를 가장 순수하게 표현하고 있는 '빛나는 빛의 덩어리'다. 이런 피막을 통해 빛은 공간인 볼륨으로 실체적인 것이 되고, 내부에서 빛이 무제한으로 범람하고 있다. 형태는 땅에서 떠오른 거대한 물방울 같으며 내부 공간은 빛의 입자가 가득 채운다.

그 결과 인간 생활에 유용한 빛이라는 관념은 급격히 사라지게 되었다. 빛은 질에서 양으로 변하였고, 색채에 종속되어 그 본질적인 의미를 잃게 되었다.

한스 제들마이어는 「빛의 죽음Der Tod des Lichtes」이라는 작은 논문에서 내적인 빛이 결여되었기 때문에 근대인은 범람하는 빛과 색채를 갈구하게 되었다며 이렇게 지적한다.

"내적인 불이 꺼져버린 인간은 빛에 대해 한없이 갈망한다. 결핍된 인간은 그 대신 자연적, 물질적인 빛의 충만을 갈구한다. 곧 수정궁, 외광外光, 사진에 대한 빛의 신앙 …… 또 세잔Paul Cézanne 이래 빛은 색채에 먹혀버렸다. 그리고 예전에는 색채에서 독립하여 우위를 차지하던 빛이 존경과 권력과 힘을 색채의 손에 맡긴 지상의 존재가 되었다."[122]

프랭크 로이드 라이트는 '빛을 받는 물체'는 무의미하며 근대에는 분산된 직접적인 빛이 필요하다며 이렇게 주장했다. "그림자란 오래된 건축가의 붓장난이다. 그러나 우리는 오늘날에 빛을 주어야 하지 않겠는가? 발산한 빛, 반사한 빛, 굴절한 빛을. 빛 그 자체를 위해. 그늘이란 쓸데없는 것이다."[123] 이는 물체에서 빛을 받아 그림자를 만든 건축에서 벗어나야 한다는 주장이었다. 그가 말한 "빛 그 자체를 위해"란 그림자를 떨어뜨리지 않고 공간을 채우는 빛을 만들어야 한다는 뜻이었다.

미스 반 데어 로에도 마찬가지로 초기 계획안인 프리드리히가의 1921년 오피스 빌딩Friedrichstrasse Office Building처럼 빛을 직접 매개해야 한다는 인식을 가지고 있었다. "유리로 모형을 만들던 실험적인 경험이 내게 길을 제시해주었다. 유리를 사용할 때는 빛과 그림자의 효과가 아니라 빛의 반사가 만들어내는 다양한 연주가 중요하다는 걸 곧 깨달았다."[124]

판즈워스 주택을 밖에서 보면 주택의 천장과 하늘의 밝기가 그다지 차이 나지 않는다. 빛이 앞에 있는 하얀 테라스의 반사된 빛을 받았기 때문이다. 하얀 기둥은 하늘보다 밝게 느껴져서 철의 무거움이 사라져버렸다.

프랭크 로이드 라이트가 설계한 위스콘신의 존슨 왁스 본사 빌딩 Johnson Wax Headquarters Building 또는 엘킨스 공원Elkins Park에 있는 베스 쇼롬 회당Beth Sholom Congregation에서 보는 빛이 그러하다.

존슨 왁스 빌딩 내부는 파이렉스Pyrex 튜브 벽을 통해 들어온 반투광 빛이 마치 물속에서 수면을 바라보는 듯한 느낌을 불러일으킨다. 유리로 덮인 베스 쇼롬 회당은 투시도에서 보듯이 건물 전체가 외부를 향해 빛을 발산하는 수정체의 이미지를 나타내고 있다. 마찬가지로 구겐하임 미술관의 천창은 이중 유리로 되어 있고 바깥 유리에 필름을 붙여서 어떤 각도로 빛이 입사해도 언제나 확산하게 만들어 사람이나 물체의 그림자가 생기지 않는다. 철과 유리로 천창으로 덮어 빛을 가득 채운 가로가 되어 도시의 일부가 되었다. 파리에서는 상점가 사이의 유리 덮개가 덮인 통로인 파사주passage로 나타났고, 이탈리아에서는 갤러리아galeria라 부르는 빛의 가로가 나타났다.

밀라노의 비토리오 에마누엘레 2세 갤러리아Galleria Vittorio Emanuele II는 아래에서 올려다보면 도시와 건축을 걸치는 커다란 다리와 같다. 이 길의 길이는 215미터, 폭이 14.5미터이고 건축물의 높이가 25미터, 유리 볼트의 꼭대기까지가 30미터다. 중앙의 교차부에는 지름이 40미터인 거대한 돔이 얹혀 있는데 그 높이는 47미터나 된다.

양쪽 건물은 이 거대한 유리 지붕의 지주 역할을 한다. 본래는 6층으로 되어 있으나 겉보기에는 4층으로 구성했다. 1층과 2층은 다양한 점포나 식당이 늘어서 있고, 천장 높이가 높은 3층은 클럽, 스튜디오, 사무실로 사용되며 그 위는 주택이다. 방은 모두 1,300개가 있는데 모든 방은 이 갤러리아로 창을 두고 있다. 그런데 서로 떨어져 있는 건물들이 커다란 다리와 같은 천장으로 이어짐으로써 거대한 복합 도시 건축, 입체 도시 건축이 만들어졌다. 빛의 가로가 일상의 도시 구조 안에 존재하게 된 것이다.

물질에서 나온 빛

비잔틴의 빛은 이와는 달랐다. 그리스의 오시오스 루카스Osios Loukas 수도원 안에는 비잔틴 양식의 카톨리콘Katholikon 성당이 있다. 이 성당은 참으로 아름답고 신비한 빛으로 가득 차 있다. 네 방향에 있는 창을 통해 들어온 빛은 돔 주위에 놓인 네 개의 볼트를 비춘다. 그리고 모퉁이에 난 창은 정사각형 평면에서 돔을 올리려고 모퉁이를 작은 아치로 가로지르는 스퀀치squinch를 비춰주고 있다.

이러한 성격의 빛 때문에 돔은 아치와 기둥에 높이 떠받쳐져 있지 않고 반대로 사방으로 퍼져 있다. 바깥에서 들어온 빛이 돔을 비추는 것이 아니라, 돔에서 생겨난 빛이 저 바깥세상을 향해 퍼져나가고 있다.

로마네스크 건축에서는 물질이 빛과 대립하면서 공존한다. 물질은 빛을 위한 것이고 빛은 물질을 위한 것이기도 하다. 로마네스크 건축에서는 빛의 다발이 두꺼운 돌 벽을 뚫고 나와 어두운 실내를 비춘다. 그리고 어두움 속에서 돌 벽과 기둥과 천장이 빛을 서서히 엷게 비추면서 무거운 돌은 공간을 부드럽게 감싸는 피막으로 변한다.

물질에 대립하는 빛은 로마네스크 건축의 빛이며, 자기의 존재를 주장하는 빛은 고딕 건축의 빛이다. 로마네스크 성당은 빛이 물체와 중력을 위해 존재하지만, 고딕 성당은 물질이 빛을 위해 존재한다. 로마네스크 성당은 두꺼운 벽으로 싸여 외부 환경과 확연히 격리되어 있지만, 고딕 성당은 돌의 벽면을 가능한 한 배제하려고 했다. 로마네스크 성당은 물질성을 과시하지만, 고딕 성당에서는 스테인드글라스를 통과하여 변화한 빛이 벽에 침투하고 벽을 변용함으로써 돌의 물질성을 부정해버리고 공간을 가득 채우는 빛이 된다.

로마네스크 건축은 엄격하게 역학적인 제약을 받으며 매스가 순수한 볼륨으로 구성되어 있으며, 빛은 두꺼운 벽을 꿰뚫고 어두움과 극적인 대비를 이루고 있다. 포르에 있는 노트르담 바실리카Basilica of Notre-Dame du Port에서 보듯이, 석조 아치를 통해 들어오는 빛은 어두움 속에서 다양하게 반사하는 엷은 빛을 받으며 존재를 내세운다. 이처럼 작은 개구부를 통해 들어오는 빛은 구조물의 윤곽을 뚜렷이 드러낸다. 그런데 로마네스크 건축의 내부가 신비롭게 보이는 이유는 물질과 빛이 각각의 모습을 잃지 않고 공존하기 때문이다.

12세기 프랑스 프로방스 지방에 지어진 르 토로네 수도원에는 볼트로 된 사다리꼴의 회랑이 있다. 이 볼트라는 물체는 비친 빛을 머금고 있다. 그리고 빛이 볼트의 형태를 띠고 있다. 물질인 돌이 빛과 따로 있는 것이 아니라 돌과 빛이 대등한 것이다. 그래서 이 돌로 쌓은 볼트에서는 빛이 생겨나고, 빛에서는 돌로 쌓은 볼트가 생겨난다고 말할 수 있다. 이런 빛 때문에 성당 안에서도 물체에서 공간이 생겨나고 공간에서 물체가 생겨난다는 깊은 감동을 받게 된다.

코르베이 수도원Fürstabtei Corvey 안의 성당을 보면 공간은 이중의 벽에 싸여 빛의 공간이 또 다른 빛의 공간을 내포하고 있다. 바깥쪽에는 밝은 공간이 있고, 이를 배경으로 또 다른 벽과 개구부가 어두운 안쪽 공간을 두른다. 빛을 담고 있는 부분과 빛을 거르는 부분이 명확하게 구분되어 있다.

현재는 박물관이 된 영국의 신고전주의 건축가 존 소운John Soane 자택의 아침 식당 내부에 내포한 천장은 위에서 내려오는 빛을 측면으로 분산하여 공간의 중심성을 얻은 전형적인 예다. 자택을 비추는 빛의 형식은 코르베이의 베네딕토 수도원 성당과 비슷하다. 천장은 펜덴티브 돔 모양을 했고 가운데에는 채광창이 있으며, 돔의 네 모퉁이에는 원형의 볼록 거울을 붙였다. 식탁을 가벼운 돔이 덮고 그 위에 또 다른 공간이 다시 한 번 더 감싸는 듯이 만들었는데, 마치 바깥에 있는 것과 동시에 안에도 있는 것 같은 이중의 느낌을 주었다.

알바 알토는 핀란드에 있는 부오크세니스카 교회Vuoksenniska Church를 세 개의 방으로 나누어 쓸 수 있게 해달라는 요구에 따라 각 방에 빛이 들어오도록 했다. 측면에서 제단을 비추는 빛,

천창에서 내려오는 빛, 비스듬히 기울어진 고창에서 들어오는 빛 등 여러 빛으로 내부 공간을 채우게 했다. 그것도 창에서 빛이 직접 들어오는 것이 아니라 고창과 실내 쪽으로 경사진 면 사이에 작은 공간을 두어 빛이 들어오게 했다.

건축가 스티븐 홀Steven Holl도 1997년 미국 시애틀에 지은 세인트이그네이셔스Chapel of St. Ignatius에서 '돌 속에 있는 일곱 개의 병Seven Bottles of Light in a Stone Box'이라는 개념으로 일곱 개 빛의 볼륨을 배치했다. 내부 공간은 몇 개의 공간으로 다시 분절되어 있는데, 각각은 크기나 방향이 다른 개구부를 통해 들어오는 서로 다른 빛으로 채워져 있다. 그것도 빛이 직접 들어오지 않고 밝은 색조의 반사판으로 거친 반사광이 안으로 들어오게 했다.

그러나 공간을 가득 채우는 빛이 다시 내부의 물체 위에 그림자를 떨어뜨릴 때에는 빛이 공간을 통합하기보다는 그림자의 형상을 부각시킨다. 예를 들어 필립 존슨이 설계한 자신의 조각 전시장처럼, 지붕의 구조체가 그림자를 내부의 물체에 떨어뜨리는 경우 공간의 크기가 과장된다. 또 공간을 채우는 천창의 빛을 제한하고 이 빛을 루버 등으로 조절하는 경우, 폴 루돌프Paul Rudolph의 범교파 교회Interdenominational Chapel처럼 빛의 형상이 주제가 되기도 하고, 알바 알토의 세이나찰로 시청사 홀Säynätsalo Town Hall처럼 빛을 받는 공간이 주제가 되기도 한다.

구조와 기능을 강조하는 빛

투명한 재료를 통한 빛은 구조를 뚜렷하게 드러낸다. 앙리 라브루스트가 설계한 파리 국립도서관 열람실의 천장이나, 철과 유리로 만들어진 근대 초기의 장대한 구조물에서는 빛이 공간을 형성하는 구조를 더욱 뚜렷하게 나타낸다.

런던 패딩턴역Paddington Station의 지붕은 흘러넘치는 빛이 타원형의 볼트와 철골 리브의 물성을 명쾌하게 보여주는 훌륭한 예다. 천창 바로 밑에 있는 구조재는 당연히 빛을 직접 받아 빛난다. 지붕의 구조체의 밑면도 빛을 반사하여 밝게 느껴지기 때문에 전체적인 구조체는 특히 강조된다.

빛은 구조가 어떻게 결구되었는지도 드러낸다. 루이스 칸이 설계한 방글라데시 국회의사당에서는 평면에서 기하학적인 형태로 바뀌는 곳에 위에서 아래로 긴 슬리트 창을 두어 벽과 바닥의 이음매를 강조하고 있다.

예일 영국 예술센터의 중정에서는 층마다 기둥을 비스듬히 기울여 빛과 그림자로 이음매를 명쾌하게 강조했고, 킴벨미술관에서는 빛이 볼트 사이를 채우며 구조의 경계를 분리해 보임으로써 공간이 빛 속에서 어떻게 결구되었는지를 보여주었다.

천장의 면에 다양한 빛을 배분하여 공간의 기능적 분화를 강조하기도 한다. 알바 알토가 미국 오리건에 설계한 마운틴 앤젤 수도원 도서관Mount Angel Abbey Library은 빛을 받는 면과 빛을 받지 않는 면의 경계가 뚜렷하여 방의 형태가 분명하게 강조되어 있다.

대출계를 중심으로 부채 모양으로 중2층인 메자닌mezzanine, 밑으로 트인 부분, 서고가 둘러싸여 있는데, 톱라이트가 대출계 위를 비추고, 메자닌과 트인 부분에서는 톱라이트가 비스듬히 서고 쪽을 비추며, 메자닌 천장의 끝을 약간 연장하여 밑의 공간의 크기를 확대해주고 있다. 기능과 동선에 따른 평면의 공간적인 분화를 빛의 분포로 구분하고 있다.

이와 비슷하게 핀란드의 세이나요키 도서관Seinäjoki Public Library도 단면과 평면을 빛으로 통합하고 있다. 도서관의 천장 면을 완만하게 굽히고 경사지게 하여 공간의 기능적인 분화를 빛의 변화에 대응시켰다.

알바 알토는 비푸리 도서관Viipurin kirjasto을 설계하면서 책을 읽을 때 적절한 빛이 어떠해야 하는지를 연구했다. 이때의 초기 스케치를 보면 인공광과 자연광을 각각 어떻게 분산할 것인가가 그려져 있다. 스케치에는 책을 읽고 있는 한 사람과 그를 위해 빛이 반사하고 분포되는 단면도가 함께 그려져 있다. 책을 읽는 사람의 앞과 옆에서 들어오는 빛이 모든 방향에서 그림자를 만들지 않고 책을 비추는 그림을 그렸다. 단면에서는 천창에서 들어온 빛이 지나가는 경로를 그렸는데, 한 방향에서 들어온 빛이 천장의 곡면 부분을 지나 더욱 넓게 분산되게 했다. 마찬가지로 인공광이 서가와 서가에서 책을 꺼내 읽는 사람을 그려 이를 함께 검토하고 있었다.

물체와 공간의 통합

두 가지 빛의 공존

벽에 수많은 구멍을 뚫으면 안에서는 나뭇잎 사이로 비쳐드는 햇빛처럼 벽에 문양이 그려지는 것과 같이 느껴진다. 벽으로 둘러싸여 있는 닫힌 공간이지만 어떠한 빛도 스며들지 않는 닫힌 벽에 비하면 상당히 열린 공간처럼 느껴진다.

도미너스 이스테이츠 와이너리의 벽을 보자. 헤르초크와 드뫼롱이 개비온으로 만든 벽은 돌 자체도 수많은 빛과 그림자를 만들고 돌과 돌 사이에도 수많은 빛이 새어들어온다. 수많은 빛은 복도와 바닥과 벽과 천장을 비춘다. 시간이 지나면 안과 밖의 관계가 변화한다. 여기에서 물체의 결합이 빛과 그늘을 통해 드러나는 '물체의 빛'과 빛이 공간을 채우고 빛과 그림자의 터널을 만드는 '공간의 빛'이 함께 나타난다.

5세기 말에 지어진 라벤나Ravenna의 대주교 경당Cappella Arcivescovile에는 이런 글이 쓰여 있다. "빛은 이곳에서 태어나기도 하고 여기에 갇혀 있기도 하다. 그러나 어떤 경우에도 빛은 자유로이 지배한다.Aut lux hic nata est, aut capta hic libera regnat."

여기서 "갇혀 있는 빛"이란 창을 통해 들어와 건물의 물질로 갇혀버린 빛, 물질에 대립하는 빛, '공간을 채우는 빛'을 말한다. 그리고 "태어나는 빛"이란 내부에서 사방으로 빛나는 자기의 존재를 주장하는 빛, '물체에서 나온 빛'을 말한다.

그런데 이보다 오래전 로마네스크의 산타 마리아 인 발레의 오라토리오Oratorio di Santa Maria in Valle에서도 두 가지 빛이 통합되어 있다. 이 건물에서 연속한 세 개의 볼트는 측광을 받아 견고한 물체의 물성이 역전되어 있다. 그리고 특히 볼트 접합부를 기둥으로 바치고 있어서 전체적으로는 아주 가벼운 공간을 완성했다. 킴벨 미술관에서 보는 '물체를 비추는 빛'과 '공간을 채우는 빛'의 통합은 아주 오래전부터 건축가의 꿈이었던 것 같다.

르 코르뷔지에가 설계한 피르미니의 생피에르 성당 Église Saint-Pierre de Firminy은 빛의 공간과 물체의 공간이 따로 구상되었으면서도 매우 독특한 빛의 공존을 보여준다. 이 성당은 물체로 에워싸여 있고, 그것으로 생긴 어두운 내부 속으로 빛이 확산되어 있다. '공간의 빛'이다.

여기에 다시 별빛처럼 점으로 비쳐 보이는 빛, 상부에 떠 있는 원형 빛과 정사각형 빛이 어울려 어떤 때는 여러 곡선이 겹치며 안개처럼 퍼지기도 하다가, 어떤 때는 사각형의 빛줄기가 내부를 쪼개기도 하고 또 원형의 빛줄기가 탐조등처럼 내부를 이동하기도 한다. '물체의 빛'이다. 빛이 확산되는 형태와 물체의 기하학적인 형태는 전혀 다르다. 이 빛은 의도적으로 기하학적인 입체에 맞추어 끌어들인 것이 아니다. 피르미니 성당에서는 '물체의 빛'과 '공간의 빛'이 다른 형식으로 함께 나타나 있다.

이와 마찬가지로 스카르파의 브리온 가족 묘지의 경당은 천장에 몰딩을 두어 받아들인 빛을 '물체의 빛'으로 강조하고 있지만, 이것은 또 한 공간을 가득 채우는 '공간의 빛'이 되어 있다. 이 경당은 두 가지 빛이 합쳐 있다.

루이스 칸의 예일대학교 아트 갤러리 Yale University Art Gallery 계단 상부는 존 소운 자택과 같은 빛을 거른다. 그러면서 이 계단은 삼각형 슬래브 형상이 특별히 강조한 '물체의 빛'과 원통을 채우는 '공간의 빛'이 독립해 있으면서 서로 합쳐 있다. 마찬가지로 칸의 미크베 이스라엘 시나고그는 코르베이의 수도원 성당처럼 바깥쪽에 원통형의 '공간의 빛'을 만들고, 이것으로 걸러진 빛을 다시 '물체의 빛'으로 받아들이는 방식을 혼용한 것이다.

루이스 칸의 빛

루이스 칸은 빛과 그림자로 물체의 존재를 드러내고자 했다. 1928년에 아시시Assisi의 산 루피노 성당Cattedrale di San Rufino을 흑연으로 그린 그의 그림이 증명해준다. 그는 물체의 윤곽을 그리지 않고 있다. 굵은 흑연을 눕혀 칠한 하나하나의 층은 그 자체가 구축 재료였다. 켜와 켜 사이는 이음매였으며, 이런 이음매가 나중에 그가 말한 '장식의 시작'이었다. 켜의 가장자리에서 흑연을 멈추고 진하게 재료의 경계를 그리면 빛과 물체의 그림자가 건설 과정을 그리는 셈이었다.

빛에 대한 이러한 사고는 근대건축의 아방가르드들이 그토록 경멸하던 에콜 데 보자르에서 배운 것이다. 1926년 필라델피아 150주년 기념 박람회의 '예술의 궁전Arts Palace' 포티코를 위해 칸이 그린 드로잉을 보면 거칠게 그려진 하늘 아래에 그림자가 보인다. 그림자로 물질을 그리고 있는 것이다. 르 코르뷔지에는 이렇게 그릴 줄 몰랐다. 그는 점으로 그늘을 약하게 그릴 뿐 그림자를 그리지 않는다. 그래서 그의 드로잉은 투명하게 보이지만 공간적 깊이가 없다.

칸은 빛이 건축에서 가장 중요하다고 생각했다. 빛이란 공간이 실재가 되는 단서이므로 어떤 방이 독자적이려면 그 방의 빛이 독자적이어야 했다. 그는 빛이 "모든 존재를 주는 자the giver of all Presences"라고 말했다. "빛은 물질의 형성자形成者이며, 만들어진 물질은 그림자를 던지고 그 그림자는 빛에 속한다."[125]

빛이란 물체와 관련된 구체적인 것이지 형이상학적인 것이 아니었다. 빛이란 물체에 부딪치지 않으면 사람에게는 보이지 않는다는 점을 들어 루이스 칸은 빛이 물체에 부딪쳐 소비된다고 표현했다. 물체는 "소비된 빛"이고 공간은 빛으로 조형한 것이다. 이러한 생각에서 그는 루안다 미국 영사관과 소크생물학연구소의 집회동에 '폐허'라는 개념을 도입하여 두꺼운 벽으로 빛의 눈부심을 막고 안과 밖을 분리했다. 근대건축이 하지 못한 방법이었다.

그는 만년에 '물체를 비추는 빛'과 '공간을 채우는 빛'을 통합하고자 했다. 현대건축에서 빛에 관해 모범이 되는 건축물은 킴벨미술관이다. 이곳에서는 사이클로이드cycloid 볼트의 바로 위에서 내리비치는 빛이 알루미늄 스크린의 작은 구멍으로 압축되며 반사한다. 그리고 콘크리트 표면을 부드러운 직물로 변환시킨다.

빛은 공간 전체에 확산되어 콘크리트라는 물질의 표면을 변화시킨다. 때문에 내부는 외부와 같은 느낌을 준다. 이렇게 하여 킴벨미술관은 구성이 견고하고 기하학적인데도 정교한 반사광으로 가벼워 보인다. 천장 볼트의 면은 주변과 광택과 질감이 다르고 윤곽선을 분명히 하여 방과 구조의 관계를 명확하게 했다. '물체를 비추는 빛'과 '공간을 채우는 빛'은 이렇게 통합되었다.

루이스 칸은 "건축가에게 평면도란 빛 속에서 공간 구조의 오더가 나타나는 도면이다."라고 말했다. 킴벨미술관을 위한 1967년 11월 스케치를 보면 그 안에 "L빛"이라고 쓴 중정 주변을 목탄을 손으로 뭉개서 약간 어둡게 표현하거나, 곡선을 크게 그려서 평면에 빛이 어떻게 분포하는가를 그렸다. 일종의 '빛의 평면도'다.

킴벨미술관을 그린 다른 '빛의 평면도'를 보면 볼트의 방향을 따라 지그재그로 그린 것은 볼트를 비추는 은빛 반사광을, 암갈색은 '녹색의 중정'이나 나무를, 붉은 색은 프로젝터의 빛을, 주황색은 직사광을 받는 '노란색의 중정' 등을 나타낸 것이다. "빛의 종류에 따라 녹색의 중정, 노란색의 중정, 푸른 중정이라고 이름을 붙였는데, 나는 중정의 비례와 나무, 그리고 표면과 물 등에 반사하는 중정의 하늘이 이런 빛을 만들어내리라고 기대한다."[126]

'물체를 비추는 빛'과 '공간을 채우는 빛'을 가장 훌륭하게 통합한 칸의 건물은 유대인 600만 희생자 추도비Memorial to the Six Million Jewish Martyrs와 후르바 시나고그Hurva Synagogue°일 것이다.

후르바 시나고그는 세 차례에 걸쳐 계획되었다. 세 안은 모두 열여섯 개의 파일론으로 둘러싸여 있고 안에 있는 구조체가 전부 비슷하게 보이지만, 비스듬한 파일론의 벽을 비추는 빛, 파일론과 안쪽 구조물 사이의 빛, 안쪽 구조물 안의 빛이라는 점에서 다르다.

제1안과 제2안은 모두 파일론을 통해 들어온 빛을 안쪽 구조물로 끌어들였다. 제1안에서는 네 모퉁이에 속이 빈 기둥이 서 있으나 빛은 이 속이 빈 기둥으로도 들어온다. 파일론의 벽은 빛을 받지만, 안쪽 구조물이 뚫려 있어서 구조물과 파일론 사이의 빛과 안쪽 예배 공간의 빛은 그다지 차이 나지 않는다. '물체를 비추는 빛'이라는 성격이 강하다. 그러나 제2안은 속이 빈 기둥이 작아지고 안쪽 구조물의 제1안보다 더욱 개방되어서 안쪽 공간은 파일론으로 둘러싸여 있다는 느낌이 더욱 뚜렷하다. 이것은 '공간을 채우는 빛'의 성격이 강하다.

제3안에서는 안쪽 구조물이 벽면을 가졌다. '물체를 비추는 빛'과 '공간을 채우는 빛'이 공존하게 된 것이다. 파일론은 물체를 비추는 빛을 만들어내고 안쪽 구조물의 벽면은 빛을 반사한다. 그러나 안쪽 구조물에서는 1층 바닥으로 들어오는 빛, 벽면의 슬리트로 새어들어오는 빛, 천장 상부의 슬리트에서 곡면의 천장을 타고 들어오는 빛이 공간을 채운다.

'물체를 비추는 빛'과 '공간을 채우는 빛'은 독자적인 구조로 구분된 공간이 각각 어떻게 '방'이 되었는지를 보여 준다. 파일론 공간은 도시에 면해 개방된 "빛이 태어난 공간"이고, 서로 모여 하느님의 말씀을 듣는 어두운 공간은 "빛이 갇힌 공간"이다. 이 두 공간은 1층에서 이어지고 서로를 암시한다. "빛이 자유를 누리는 공간"이다. 또 모든 요소가 빛에 집중하고 있다. "요소의 결합을 지배하는 빛"이다.

빛의 지역성

건축이 빛을 받아들이는 방식을 '물질에 대립하는 빛'이라든지 '물체의 빛'이라고 나누어보았다. 르 코르뷔지에는 "건축은 빛 아래 집합된 여러 입체의 교묘하고 정확하며 장려한 조합이다."라고 말했다. 하지만 이는 어디까지나 하늘이 푸르고 빛이 강하여 빛과 어두움의 대비가 뚜렷한 지중해 문화의 빛과 그림자에 근거한 것이며 반드시 우리나라 건축에 맞는 정의라고는 할 수 없다.

트뢸스 룬트Troels-Lund는 이렇게 지적한다. "장소의 감각과 빛의 인상에 대한 감수성은 인간 지성의 가장 기본적이며 뿌리 깊은 두 가지 표현이다. …… 지구 위에 사는 사람 누구에게나 빛나지 않는 것, 빛과 어두움의 교대, 낮과 밤의 교대는 인간의 사고 능력에 나타나는 최초의 충동이자 궁극적 목적이기도 하다."[127]

모든 장소는 제각기 고유의 빛을 가지고 있다. 해는 동쪽에서 떠 서쪽에서 진다는 아주 당연한 사실만으로도 빛은 장소와 방향의 개념을 나타내며 공간을 구조화한다. 태양이 작열하는 사막의 빛이 다르고, 산으로 둘러싸여 농사 짓는 땅의 빛이 다르다.

건축에서 빛을 생각하는 것은 장소의 고유성을 생각하는 것과 같다. 빛만으로도 장소의 고유성을 인식할 수 있다. 일본 건축의 빛이 다르고 인도 건축의 빛이 다르며, 이슬람 건축의 빛이 다르다. 인도 건축에서 자잘한 구멍이 뚫려 있는 창을 통해 걸러진 약간 어두운 빛, 창의 문양, 또 그 창의 문양이 벽과 바닥에 만들어내는 빛의 조각들이 있다. 인도가 아닌 곳에서는 볼 수 없는 빛이다. 빛은 문화를 대신한다. 사암을 레이스처럼 조각한 인도의 창문은 벽의 두께만큼 빛이 엷게 들어온다.

그리스도교 교회의 빛은 극적이다. 어두움에서 빛으로 향함으로써 구원을 얻을 수 있기 때문이다. 그러나 이슬람의 모스크에서 보는 빛은 이와는 달리 극적이지 않고 오히려 균질한 빛을 바닥에 비춘다. 모스크 안에 앉은 사람은 모두 평등하며, 공간도 사방으로 균등하다. 각자 안에서 코란을 읽기에 충분한 빛을 내부 공간과 바닥에 골고루 비춘다.

경주 양동 향단의 한 주택의 흙담은 한국 건축의 재료가 어떤 빛을 좋아하는가를 잘 나타낸다. 이 집의 장소가 이미 이러한 빛을 만들어내고 있다. 겨울철 선암사 무우전의 부엌에서 한국 건축의 전형적인 빛을 본 적이 있다. 문을 통해 들어온 빛이 맨땅에 그대로 반사되고는 이렇다 할 형태도 거치지 않고 안으로 퍼져 들어와 부엌의 바닥을 훤히 밝히고 있었다. 무우전의 빛은 일본 주택의 내부를 비추는 빛과 전혀 다르다. 일본 주택을 비추는 빛은 어두움을 만들어내기 위해 부드럽게 밝기만 한 "둔탁한 간접 광선"이고 "일부러 벽에 우중충한 색의 모래를 칠하여 힘없고 적적한 광선이 스며드는 빛"[128]이지만, 무우전의 부엌에서는 땅의 질감도 그대로이지만 빛도 그대로였다.

안토니 가우디는 위도 45도로 땅의 한가운데 있으므로, 카탈루냐야말로 빛을 가장 민감하게 잘 사용해야 하는 지역이라고 말했다. "카탈루냐는 중간점에 있다. 지중해는 땅 한가운데 있음을 의미한다. 해안가에는 중용의 빛이 45도로 닿는다. 그것은 물체를 가장 잘 비추고 형태를 더욱 잘 보이게 함을 뜻한다. 지중해는 너무 세지도 약하지도 않기 때문에 예술적으로도 위대한 문화를 꽃피웠다. …… 우리들의 조형력은 감정과 논리의 균형이다."

가우디가 설계한 구엘 저택Pabellones de la Finca Güell의 외벽에는 깊게 팬 반원이 계속 반복되는 노란 벽이 있다. 벽이 햇빛을 너무 많이 반사하지 않도록 하나하나의 조각에 그림자를 떨어뜨리고 밝기를 완화하며 해가 움직일 때마다 벽의 표정을 변하게 하기 위해서였다.

태양고도가 낮아 늘 그림자가 길기 때문에 북유럽 건축에서는 눈높이에 창을 두지 않고 대신 천창에서 빛을 주는 방식을 택한다. 알토가 비푸리 도서관 등에서 사용한 원통형 천창은 핀란드 특유의 길고 추운 겨울 동안 많은 시간을 보내는 실내로 빛을 넣기 위한 현실적인 요구이기도 했다. 또 하얀 벽이 많은 것은 지중해 지방의 건축처럼 강한 햇빛을 반사하여 열을 식히기 위함이지만, 북유럽에서는 적은 빛을 조금이라도 잘 이용하려고 한 것이다. 알바 알토의 건축에서는 천창을 두었으며 측창을 두더라도 기둥으로 가렸다.

알토가 '크리스털 스카이라이트Crystal Skylight'라고 이름 붙인 천창이 있다. 눈이 쌓이지 않도록 경사를 급하게 했고 열손실과 결로를 방지하려고 안에 또 다른 유리를 끼웠다. 부오세니스카 교회는 지을 때 오전 10시 예배 시간에 맞추어 해가 제단을 비추도록 건물의 주축을 정했다. 또한 핀란드 국민연금협회National Pensions Institute에는 작은 도서관이 있다. 계단을 타고 올라가면 세 면에 서가가 있고 그 안에 다른 서가가 ㄷ자로 배치되어 있다. 천장에는 동그란 천창이 여러 개 뚫려 있다. 알토는 이 천창을 두고 "흠집이 없는 빛으로 측면을 비추는, 태양으로 가득 찬 하늘의 구조"라고 말했다.

한국의 건축은 마치 우산을 쓴 것처럼 처마를 깊게 내민 지붕이 빛을 조절하여 벽에 그늘을 드리우고, 내부 공간은 이 빛을 받아들인다. 주요 구조 재료는 목재다. 이런 건축은 돌을 주요 재료로 만든 유럽의 석조 건축과는 빛에 대한 관계가 전혀 다르다. 모든 빛이 벽에 난 창문을 통해서 들어온다. 창문을 열 때는 내부의 바닥에 비추는 빛으로, 창문이 닫혀 있을 때는 반투명의 창호지를 통한 빛이 바닥을 비춘다. 마당을 비추던 빛이 처마에 반사하여 토벽이나 기둥에 비치고 지붕 밑을 반사하기도 한다.

1   Susan Sontag, "On Style", *Against Interpretation: And Other Essays*,
     Octagon Books, 1982, p. 15.

2   "Architecture, simply and immediately perceived, is a combination,
     revealed through light and shade, of spaces, of masses, and of lines."
     Geoffrey Scott, *The Architecture of Humanism: A Study in the History
     of Taste*, W. W. Norton & Company, 1974(1914), p. 157.

3   Edmund N. Bacon, *Design of Cities*, Penguin Books, 1976, p. 16.

4   Pierre von Meiss, *Elements of Architecture: From Form to Place*,
     Van Nostrand Reihold, 1986, p. 23.

5   "건물을 지각하는 데 가장 기본적인 것은 시각적인 인상, 즉 빛과 색채의 특성에
     따라 생기는 상像이다. 그리고 우리들은 경험적으로 이러한 상을
     물체라는 개념으로 재해석한다. 동시에 이 개념은 우리가 외부에서 건물을
     읽든지 내부에 서 있든지 간에 내부에 있는 공간의 형태를 규정해주는 것이다."
     파울 프랑클 지음, 김광현 옮김, 『건축 형태의 원리』, 기문당, 1989, 20쪽.

6   Auguste Choisy, *Histoire de l'Architecture*, Hachette Livre BNF, 1991(1899).

7   이 스케치에 등장하는 7470, 7464, 7452 등의 숫자는 르 코르뷔지에 아카이브의
     도판 번호다. *The Le Corbusier Archive*, Garland, 1982.

8   7464와 7452, 르 코르뷔지에 아카이브

9   프리츠 노이마이어 지음, 김영철, 김무열 옮김, 『꾸밈없는 언어: 미스
     반 데어 로에의 건축』, 동녘, 2009, 370쪽.

10   Theo van Doesburg, "Towards a Plastic Architecture", 1924
     (Originally published in *De Stijl*, *XII*, 6/7, Rotterdam 1924)

11   CIAM's La Sarraz Declaration, 1928.

12   Peter Blake, *Form Follows Fiasco: Why Modern Architecture Hasn't Worked*,
     Little Brown & Co, 1978.

13   Gottfried Semper, *Der Stil in den technischen und tektonischen Künsten oder
     praktische Ästhetik*, Fiedrich Bruckmann's Verlag, Band 1, 1860; Band 2,
     1862(Style in the Technical and Tectonic Arts; or Practical Aesthetics)

14   森田慶一, "樣式の問題", 建築論, 東海大学出版会, 1979, pp. 111-122.

15   김광현, 『건축 이전의 건축, 공동성』「한국 현대건축의 전통적 표현과
     그 파생 개념 비판」, 공간서가, 2014, 262-273쪽 참고.

16   통합 관계syntagmatic relation라고도 한다.

17   부분과 전체에 관해서는 건축강의 9권 2장을 참고하라.

18   Peter Eisenman, "Notes on Conceptual Architecture", *Casabella 7105-06*.

19 Peter Eisenman, "From Object to Relationship II: Giuseppe Terragni's Casa Giuliani Frigerio", *Perspecta 13–14*, 1971(Robert A. M. Stern, Peggy Deamer and Alan Plattus(eds.), *Re–Reading Perspecta: The First Fifty Years of the Yale Architectural Journal*, The MIT Press, 2005, pp. 298-309 재수록)

20 *Architettura Come Tema, Quanderni di Lotus*, Electa, Milano, 1982, p. 12.

21 Aldo Rossi, *The Architecture of the City*, The MIT Press, 1982.

22 Rafael Moneo, "On Typology", *Oppositions 13*, The MIT Press, 1978.

23 Francisco González de Canales, Nicholas Ray, *Rafael Moneo: Building, Teaching, Writing*, Yale University Press, 2015, p. 229.

24 Jean-Nicolas-Louis Durand, *Précis des leçons d'architecture données à l'École royale polytechnique*, Chez l'auteur, 1809.

25 Rob Krier, *Stadtraum in Theorie und Praxis*, Karl Krämer, 1975 (Urban Space, Academy Editions, 1979)

26 *Richard Murphy and Carlo Scarpa: A Regional–Modernist Dialogue*, p. 12.

27 ハンス・ゼードルマイア, 芸術と真実――美術史の理論と方法のために, 島本融(訳), みすず書房, 1983, pp. 93-92(Hans Sedlmayr, *Kunst und Wahrheit*, Rowohlt, 1958)

28 Stuart Cohen, Steven Hurtt, "The Pilgrimage Chapel at Ronchamp: Its Architectonic Structure and Typological Antecedents", *Oppositions 15/16*, pp. 143-157.

29 브린모어대학 강의, 1962.

30 Sharad Jhaveri, *Louis I. Kahn: Complete Works 1935–1974*, 2nd ed., Birkhäuser, 1987. BCD는 브린모어대학 기숙사의 도판을 분류하기 위한 약자다.

31 *The Louis I. Kahn Archive: Buildings and Projects*, 7 vols., Garland architectural archives.

32 Alan Colquhoun, "Form and Figure", *Essays in Architectural Criticism: Modern Architecture and Historical Change*, The MIT Press, 1981, pp. 190-202.

33 鈴木博之, 建築の七つの力, 鹿島出版会, 1984, pp. 22-23.

34 Rudolf Wittkower, *Architectural Principles in the Age of Humanism*, W. W. Norton & Company, 1971, p. 29.

35 같은 책, p. 29.

36 Karsten Harries, *The Ethical Function of Architecture*, The MIT Press, 1997, p. 118. 〈원시적 오두막집〉에 대한 설명은 건축강의 2권 1장을 참고하라.

37 같은 책, p. 123.

38 같은 책, p. 119.

39 Adrian Forty, "Charcter", *Words and Buildings: A Vocabulary of Modern Architecture*, Thames & Hudson, 2000, p. 122에서 재인용.

40 Rudolf Wittkower, *Architectural Principles in the Age of Humanism*,
    W. W. Norton & Company, 1971.

41 カルロ・スカルパ, '斷章', 特集 カルロ・スカルパ図面集, SD 9201,
    鹿島出版会, 1992, p. 7.

42 클로드 레비스트로스 지음, 박옥줄 옮김, 『슬픈 열대』, 한길사, 1998.

43 Diana Agrest, "Design versus Non-Design", *Architecture from Without:
    Theoretical Framings for a Critical Practice*, The MIT Press, 1991 참조.

44 Le Corbusier, *The City of Tomorrow and Its Planning*, Dover, 1929.

45 Edward Robert De Zurko, *Origins of Functionalist Theory*,
    Columbia University Press, 1957, p. 3.

46 Kenneth Frampton, "The Humanist versus the Utilitarian Ideal",
    Architectural Design 38, 1968.

47 Mario Gandelsonas, "Neo-Functionalism", *Oppositions 5*, Summer, 1976.

48 Peter Eisenman, "Post-Functionalism", *Oppositions 6*, Fall, 1976
    (마이클 헤이스 지음, 봉일범 옮김, 『1968년 이후의 건축이론』,
    Spacetime 시공문화사, 2003, 319-323쪽)

49 Alan Colquhoun, *Typology and Design Method, Essays in Architectural
    Criticism: Modern Architecture and Historical Change*, The MIT Press,
    1985, p. 45.

50 Robert Venturi, Steven Izenour, Denise Scott Brown, *Learning from Las Vegas:
    The Forgotten Symbolism of Architectural Form*, The MIT Press, 1972.

51 Charles Jencks, *The Iconic Building*, Rizzoli, 2005.

52 "The joint is the beginning of ornament. And that must be distinguished from
    decoration which is simply applied. Ornament is the adoration of the joint."

53 "Architecture begins when two bricks are put carefully together."

54 안토니 가우디 지음, 이병기 옮김, 『장식』, 아키트윈스, 2014, 17쪽.

55 같은 책, 45쪽. /는 지은이 표시

56 카르스텐 해리스는 '치장' 중에서 공동의 에토스를 가진 것을 '장식ornament',
    일차적으로 건물에 미적인 부가물로서 경험하는 것을 '치장decoration'으로
    부르겠다고 했다. Karsten Harries, *The Ethical Function of Architecture*,
    The MIT Press, 1997, p. 48.

57 Adolf Loos, "Vorwort", *Trozdem 1900–1930* in *Sämtliche Schriften
    in zwei Bänden*, Verlag Herold, p. 213.

58 アドルフ・ロース, 「装飾と罪悪」, 装飾と罪悪——建築・文化論集,
    伊藤哲夫訳, 中央公論美術出版, 1987, p. 76.

59 오토 바그너, 1915-1918년의 일기 서문에서

60 에곤 프리델 지음, 변상출 옮김, 『근대문화사』, 한국문화사, 2015.

61   Henry Russell Hitchcock, Philip Johnson, *The International Style*,
      W. W. Norton & Company, 1976(1922).

62   Farshid Moussavi, Michael Kubo, *The Function of Ornament*, Actar, 2006.

63   알라이다 야스만 지음, 변학수 옮김, 『기억의 공간』, 경북대학교출판부, 2003.

64   Aldo Rossi, "An Analogical Architecture", *Theorizing a New Agenda for
      Architecture: An Anthology of Architectural Theory 1965–1995*,
      Kate Nesbitt(ed.), Princeton Architectural Press, 1996, p. 348.

65   Aldo Rossi, *The Architecture of the City*, The MIT Press, 1982, p. 21.

66   같은 책, p. 130.

67   Sigfried Giedin, "The Need for a New Monumentality",
      Architecture You and Me, Harvard University Press, 1958, pp. 25–39.

68   J. L. Sert, F. Léger, S. Giedion, "Nine Points on Monumentality",
      Architecture You and Me, Harvard University Press, 1958, p. 48.

69   Alessandra Latour(ed.), "Monumentality", *Louis I. Kahn: Writings,
      Lectures, Interviews*, Rizzoli, 1991, p. 18.

70   Richard Saul Wurman(ed.), *What Will Be Has Always Been: The Words of Louis
      I. Kahn*, Rizzoli, 1986, p. 155.

71   "Try to think of the outside world when you're in a good room
      with a good person. All your senses of outside leave you."

72   김광현, 『건축 이전의 건축, 공동성』「한 칸 방의 공간적 원상」, 공간서가,
      2014, 106-110쪽.

73   "I think it has qualities that don't belong to me at all.
      It has qualities which bring architecture to you."

74   "Architecture comes from the Making of a Room."

75   OMA @work. a+u, a+u, Japan, 2000, p. 54.

76   프랫 인스티튜트Pratt Institute 강연회. "1973: Brooklyn, New York",
      Perspecta, The Yale Architectural Journal, vol. 19, 1982.

77   '植栽計画について', *Kazuyo Sejima+Ryue Nishizawa/Sanaa: Works 1995–2003*,
      Toto, 2003.

78   Alessandra Latour(ed.), "Silence and Light(1969)", *Louis I. Kahn:
      Writings, Lectures, Interviews*, Rizzoli, 1991, pp. 248-257.

79   DUNG NGO 지음, 김광현, 봉일범 옮김, 『루이스 칸, 학생들과의 대화』,
      엠지에이치엔드맥그로우힐한국, 2001.

80   Spiro Kostof, *A History of Architecture*, Oxford University Press,
      1995, pp. 84-85.

81 ダゴベルト・フライ, 比較芸術学, 吉岡健二郎(訳), 創文社, 1980, p. 8
    (Dagobert Frey, *Grundlegung zu einer vergleichenden
    Kunstwissenschaft*, Friedrich Rohrer Verlag, 1949)

82 Francis D. K. Ching, *Architecture: Form, Space, and Order*, Van Nostrand
    Reinhold, 1979(프란시스 칭 지음, 황희준, 남수현, 김주원 옮김,
    『건축의 형태공간, 규범』, 국제, 2016) 같은 입문서가 그러하다.

83 Alexander. Tzonis, Liane Lefaivre, *Classical Architecture:
    The Poetics of Order*, The MIT Press, 1986.

84 Reyner Banham, *Theory and Design in the First Machine Age*,
    The MIT Press, 1960, p. 20에서 재인용.

85 Frank Lloyd Wright, *Modern Architecture*, Princeton, 1931
    (Colin Rowe, *The Mathematics of the Ideal Villa and Other Essays*,
    The MIT Press, 1979, p. 61에서 재인용)

86 Harry Holtzman, Martin S. James, "The New Plastic in Painting", 1917
    (*The New Art – the New Life: The Collected Writings of Piet Mondrian*,
    Da Capo Press, 1993, p. 39)

87 우리는 오래전 일본에서 '구성'이라 번역한 것을 그대로 받아들였다.
    러시아 구성주의자들은 '구성' 대신 '구축'을 주장했다.

88 S. O. Khan-Magomedov, "Documents 11 & 12", *Rodchenko:
    The Complete Work*, The MIT Press, 1987, pp. 288-290.

89 "Composition is our stock-in-trade; it involves tasks of an exclusively
    physical order." Le Corbusier and Amédée Ozenfant's "Purism"(1921),
    Robert L. Herbert(ed.), *Modern Artists on Art*, Dover Publications,
    1999, p. 59.

90 Le Corbusier, *Vers une Architecture*, Editions Flammarion, 1995(1923), p. 16.

91 같은 책, p. 128.

92 レオン・バティスタ・アルベルティ, 建築論 第1書 第1章, 中央公論美術出版,
    1998, p. 9(Leon Battista Alberti, *De re Aedificatoria*)

93 Alison Smithson(ed.), *Team 10 Primer*, The MIT Press, 1974, p. 118.

94 東京大学生産技術研究所・原研究室, 住居集合論5 西アフリカ地域集落の
    構造的考察 SD別冊 No. 12, 鹿島出版会, 1979, pp. 110-113.

95 Francisco González de Canales, Nicholas Ray, 3. 4 Composition,
    Rafael Moneo: Building, Teaching, Writing, Yale University Press, 2015, p. 210.

96 Richard Saul Wurman(ed.), *What Will Be Has Always Been:
    The Words of Louis I. Kahn*, Rizzoli, 1986, p. 131.

97 같은 책, p. 131.

98 DUNG NGO 지음, 김광현, 봉일범 옮김, 『루이스 칸, 학생들과의 대화』, 엠지에이치엔드맥그로우힐한국, 2001, 65-66쪽.

99 건축강의 1권 『건축이라는 가능성』 4장 '루이스 칸의 시설'에서도 언급하고 있다.

100 Georges Gromort, *Essai sur la théorie de l'architecture*, Chanut, 1946, pp. 145-146.

101 Alexandra Tyng, *Beginnings: Louis I. Kahn's Philosophy of Architecture*, Wiley-Interscience, 1984, pp. 120-121.

102 일본 예술가 나카무라 유고中村勇吾가 만든 1분 46초 길이의 영상 작품 〈雨音の由来〉 https://www.youtube.com/watch?v=DPbET75oFH8

103 http://www.italianways.com/the-canova-museum-and-cast-gallery/

104 Sandra Davis Lakeman, *Natural Light and the Italian Piazza: Siena, as a Case Study*, S.D. Lakeman, 1993. 빛과 시간의 관계를 보여주는 좋은 사례다.

105 Le Corbusier, *Vers une Architecture*, Editions Flammarion, 1995(1923), pp.149-150

106 Louis Kahn, *The Notebooks and Drawings of Louis I. Kahn*, The MIT Press, 1973.

107 Le Corbusier, *Vers une Architecture*, Editions Flammarion, 1995(1923), pp. 149-150.

108 Le Corbusier, "Introduction" in Lucien Herve, *Architecture of Truth*, Phaidon Press, 2001(1957), p. 7.

109 Louis Kahn, "Architecture: Silence and Light(1969)", in Latour Alessandra, *Louis I Kahn: Writings, Lectures, Interviews*, Rizzoli, 1991.

110 Vincent Scully, "Architecture: The Natural and the Manmade", *Modern Architecture and Other Essays*, Princeton University Press, 2003, pp. 282-297.

111 Spiro Kostof, *A History of Architecture*, Oxford University Press, 1995, p. 78.

112 Otto Georg von Simson, *The Gothic Cathedral*, Princeton University Press, 1974, p. 51.

113 "Architecture, simply and immediately perceived, is a combination, revealed through light and shade, of spaces, of masses, and of lines." Geoffrey Scott, *The Architecture of Humanism: A Study in the History of Taste*, W. W. Norton & Company, 1974(1914), p. 157.

114 요한 볼프강 폰 괴테 지음, 김정진 옮김, 『파우스트』, 신원문화사, 1992, 51쪽.

115 「오디세이아」 제3권(The Odyssey Book 3)

116 파울 프랑클 지음, 김광현 옮김, 『건축 형태의 원리』, 기문당, 1989, 226, 228쪽.

117 파울 프랑클 지음, 김광현 옮김, 『건축 형태의 원리』, 기문당, 1989, 233쪽.

118 Le Corbusier, *Vers une Architecture*, Editions Flammarion, 1995(1923), p. 146.

119 유하니 팔라스마 지음, 김훈 옮김, 『건축과 감각』, 시공문화사, 69쪽.

120 Pierre von Meiss, *Elements of Architecture: From Form to Place*,
     Van Nostrand Reinhold, 1986, p. 122.

121 前川道郎, ゴシックと建築空間, ナカニシヤ出版, 1978, p. 224.

122 H.ゼーデルマイヤ, 光の死(SD選書 106), 森洋子(訳), 鹿島出版会, 1976,
     pp. 19-20(Hans Sedlmayr, *Der Tod des Lichtes*, O. Müller, 1964)

123 フランク・ロイド・ライト(著), 谷川正己, 谷川睦子(訳), ライトの建築論,
     彰国社, 1970, p. 113(Frank Lloyd Wright, "The Nature of Materials",
     An American Architecture, Horizon Press, 1969. 애드가 카우프먼 펴냄,
     『라이트의 건축론』, 대우출판사, 1985)

124 프리츠 노이마이어 지음, 김영철, 김무열 옮김, 『꾸밈없는 언어: 미스
     반 데어 로에의 건축』「1, 무제(고층 건축물, 1922)」, 동녘, 2009, 366쪽.

125 "Light is the maker of material, and material's purpose is to cast a shadow."
     Louis Kahn, "Architecture: Silence and Light, 1970", in Alessandra Latour,
     Louis I Kahn: Writings, Lectures, Interviews, Rizzoli, 1991.

126 Louis Kahn, *Light Is the Theme: Louis I. Kahn and the Kimbell
     Art Museum*, Kimbell Art Foundation, 1975, p. 22.

127 Ernst Cassirer, *The Philosophy of Symbolic Forms, vol. 2:
     Mythical Thought*, Yale University Press, 1975, p. 97.

128 다니자키 준이치로 지음, 송지은 옮김, 『음예예찬』, 태림문화사, 1996, 35쪽.

도판 출처

루이스 칸의 후르바 시나고그 © Kent Larson, *Louis I. Kahn: Unbuilt Masterworks*, The Monacelli Press, 2000, p. 124

발다사레 페루치의 팔라초 마시모 알레 콜로네 © Jensens / kimedia Commons

아야소피아의 세 가지 형태 © Pierre von Meiss, *Elements of Architecture: From Form to Place*, Van Nostrand Reinhold, 1986, p. 23

피터 아이젠먼의 주택 4호 다이어그램 © https://www.pinterest.co.kr/pin/299278337720218310/

르 코르뷔지에 건축의 네 가지 구성 © Le Corbusier, *Œuvre complète Volume 1: 1910-1929*, 1995, Birkhäuser, p. 173

르 코르뷔지에의 아이디얼 홈 전시회를 위한 파빌리온 © Carlos Montes Serrano, Francisco Egaña Casariego, Le Corbusier in London, 1938, https://polipapers.upv.es/index.php/EGA/article/view/3087/3412, p. 58

르 코르뷔지에의 라 로슈잔네레 주택 계획 15108 © Tim Benton, *The Villas of Le Corbusier: 1920-1930*, Yale University Press, 1991, p. 48

르 코르뷔지에의 라 로슈잔네레 주택 계획 15112 © Tim Benton, *The Villas of Le Corbusier: 1920-1930*, Yale University Press, 1991, p. 50

롱샹 성당 측면 기도실 © 김광현

아스클레피오스 성소 © J. B. Ward-Perkins, *Roman Imperial Architecture*, Penguin Books, 1981, p. 284

루이스 칸의 소크생물학연구소 집회동 © Sharad Jhaveri, *Louis I. Kahn: Complete Works 1935-1974*(2nd edition), Birkhäuser, 1987, p. 13

루이스 칸, BCD1 © Sharad Jhaveri, *Louis I. Kahn: Complete Works 1935-1974* (2nd edition), Birkhäuser, 1987, p. 162

루이스 칸, BCD2 © Sharad Jhaveri, *Louis I. Kahn: Complete Works 1935-1974* (2nd edition), Birkhäuser, 1987, p. 162

루이스 칸, BCD10 © Sharad Jhaveri, *Louis I. Kahn: Complete Works 1935-1974* (2nd edition), Birkhäuser, 1987, p. 163

루이스 칸의 방 드로잉 © David B. Brownlee, *Louis I. Kahn: In the Realm of Architecture*, Rizzoli, 2005, p. 127

루이스 칸의 미크베 이스라엘 시나고그 © Kent Larson, *Louis I. Kahn: Unbuilt Masterworks*, The Monacelli Press, 2000, p. 80

시토회 실바칸 수도원 성당 © Rolf Toman(ed.), *Romanesque: Architecture, Sculpture, Painting*, Konemann, 1997, p. 171

프란츠 푸에그의 장크트 피우스 성당 © ikimedia Foundation / https://upload.wikimedia.org/wikipedia/commons/f/f8/Luzern_Meggen_Katholische_Piuskirche_inside.jpg